《优质猕猴桃栽培与保鲜新技术》

编委会

主　编　范兰礼

编　者　孙博林　陈顺民　董　明

林兴国　刘国生

前　言

伴随着改革开放的深入，中国农村建设取得了丰硕成果，农民生活水平得到提升，农业朝着现代化的方向发展。为了更好地服务农业、服务农民，本书对于优质猕猴桃的栽培和保鲜新技术进行了详细介绍。

全书共分五章，详细介绍了猕猴桃的种类、生长特性，猕猴桃的品种选择及良种引进，猕猴桃的育苗技术，猕猴桃园的建设与管理技术，猕猴桃的贮存保鲜技术等内容。浅显易懂，价格低廉，真正是一套农民读得懂、买得起、用得上的“三农”力作。

全书图文结合，生动形象。内容阐述清楚，深入浅出，通俗易懂。可操作性强，适合农村从事猕猴桃的栽培和种植的农民朋友阅读使用，也可供农林学校、农林培训机构、农技推广部门、农村农产品加工专业户等有关人员参考。同时，本书也可以供对猕猴桃种植感兴趣的读者学习参考。

本书由于编写时间紧迫，书中错误和疏漏难免，恳请业内人士和读者提出批评意见，以便在将来进一步完善。

目　录

第一章　猕猴桃栽培概述

第一节　猕猴桃的种类及其分布

我国是猕猴桃的起源中心，迄今为止，猕猴桃属全世界共发现66个种，其中62个种原产于我国。猕猴桃又是古老的孑遗植物，出现于中生代侏罗纪之后至新生代第三纪的中新世之前。中国科学院南京古生物研究所于1979年在广西田东县发现了2 000万~2 600万年前中新世地质年代的猕猴桃叶片化石。我国发现和栽培猕猴桃的历史由来已久。远在公元前16世纪至公元前10世纪的《诗经》中就有了“隰有苌楚，猗傩其枝”的描述，所谓“苌楚”，就是猕猴桃。到了唐代，著名诗人岑参（公元715~770年）已有“中庭井栏上，一架猕猴桃”的诗句。另外唐代陈藏器著的《本草拾遗》，宋代的刘翰和马志等著的《开宝本草》，唐代慎微著的《证类本草》，明代医药大师李时珍著的《本草纲目》，清代吴其睿著的《植物名实图考》以及其他的一些古代文献，对猕猴桃的性状、生长特性、功用和别名屡有记载。由此可见，我国古人早在距今3 000多年前就已经发现和认识了猕猴桃，其栽培和利用历史也在1 300年以上。

猕猴桃属植物的分布以我国为中心（其中栽培利用最广泛的两个物种中华猕猴桃和美味猕猴桃以长江流域为分布中心），北至日本、朝鲜半岛及俄罗斯远东地区，南至越南、柬埔寨，向西延伸至尼泊尔及印度东北部。国外原产的仅有日本产山梨猕猴桃及白背叶猕猴桃。越南产沙巴猕猴桃。尼泊尔产尼泊尔猕猴桃共4个物种。现将我国原产的62个物种简述如下。

一、中华猕猴桃

中华猕猴桃分布最广，集中分布于秦岭和淮河流域以南，在河南、湖北、江西、湖南、陕西、安徽、浙江、福建、四川、云南、贵州、广西和广东北部都有分布，在湖北幕阜山区和神农架周围多分布于海拔100～800米处。各地近年来选育出的代表品种，如江西的庐山香、金丰，湖北的武植3号、通山5号，河南的华光2号，四川的红阳及新西兰选育的早金等品种，都属于中华猕猴桃种。中华猕猴桃为木质藤本果树，其两年生枝条呈深褐色，无毛，直径约6厘米；皮孔凸起，为圆形或椭圆形，黄褐色；髓片层状，白色或紫黄色。1年生枝条呈灰绿褐色，无毛，稀被白粉，易脱落；节间长2.7～5.6厘米。叶片纸质，近圆形或宽卵形，长10.3～11.2厘米，宽11.1～13.6厘米，基部心形，两侧对称，先端小钝尖形或微凹陷；叶面暗绿色，无毛；叶柄浅紫红绿色，无毛，长8.4～9厘米，粗约3厘米。雌花多为单花，少数花朵为聚伞花序；花冠直径约4.2厘米，花白色，花瓣5～7片，近圆形。雌花有中心柱头1枚，侧柱头若干枚；雄花花药黄色，100～200个花丝。果实近球形至圆柱形，果面无毛而光滑，果皮黄褐色至棕褐色，果重20～120克。果肉多为黄色，少数为绿色，果实汁液多，味甜酸可口，香气浓，含可溶性固形物7%～19.2%，有机酸0.9%～2.2%，维生素C 50～420毫克/100克。物候期在湖北武汉4月中下旬开花，果实成熟期在8月下旬至10月上旬。

二、美味猕猴桃

为目前我国猕猴桃产业栽培面积最大、产量最高，生产发展速度最快的猕猴桃种类。分布于黄河以南的10多个省（区、市），集中分布于湖北神农架和武当山区、陕西秦巴山区、河南伏牛山区、湖南武陵山区、重庆大巴山区等海拔700～1 800米的地区。笔者于1998年10月初在神农架山区南坡送子园村摩天岭调查，见到在海拔1 780米处的美味猕猴桃尚能正常生长，并且结果累累，枝叶繁茂，而到1 800米以上的海拔高度，就难以见到美味猕猴桃的踪影了。其著名的栽培品种，如湖北选育的金魁、陕西的秦美、河南的华美1号、江苏的徐香、湖南的米良1号，以及新西兰选育出的海沃德等，都属于美味猕猴桃品种。美味猕猴桃为木质藤本果树，芽垫大而突出，芽较中华猕猴桃小，其两年生枝条呈灰褐色，皮孔呈肾形或圆形。1年生枝条为棕褐色，皮孔多呈肾形，灰白色，较小，节间长1.5～3.1厘米，枝蔓髓部呈片层状，褐色。1年生嫩枝翠绿色，密被灰褐色糙毛，新梢先端密被红褐色长糙毛。叶纸质至厚纸质，近圆形或长圆形，基部浅心形或近心形，较对称，先端圆形或微凹陷，或小突尖，叶片长8～12厘米，宽5.5～12.5厘米，叶面深绿色，无毛，主、侧脉黄绿色，主脉稀被黄褐色短茸毛，叶缘近全缘，小尖刺外伸，绿色；叶柄浅紫红色，较粗，稀被褐色短茸毛，长4～8.5厘米。雌花单生，花冠直径5.5～6.3厘米，花瓣以6枚居多，萼片6枚，花白色；花冠内有花丝170～220枚，花丝长1.1厘米。雄花为聚伞花序，每花序多为3花，花药黄色，箭头状。果实有卵圆形、椭圆形、圆柱形、近圆形，被长而密的褐色茸毛，不易脱落；果皮绿色至棕褐色，果重30～200克；果肉绿色，汁多味浓，浓甜微酸，具清香，含可溶性固形物8%～25%，总酸1.1%～2.4%，维生素C 50～240毫克/100克，总糖6.86%～13.2%。物候期在湖北武汉4月下旬至5月中旬盛花，10月上旬至11月中旬果实成熟。

三、毛花猕猴桃

毛花猕猴桃分布于长江以南各地，主要分布于福建、浙江、江西、广西、广东、湖南、贵州等省（区）。其代表品种如福建的沙农18号，中国科学院武汉植物研究所以种间杂交（中华×毛花）培育出的重瓣、满天星、江山娇等观赏新品种等，亦属于毛花猕猴桃类型或具有毛花猕猴桃血统。毛花猕猴桃的当年生枝条的先端部分密生灰白色或灰褐色极短的厚茸毛，节间长8～

16厘米，木质部浅绿色，髓部中空，呈白色或白绿色片层状，片的排列相当密。老枝无毛；叶片呈倒卵形或近圆形，厚纸质，长6～16厘米，宽4～12厘米，基部近圆形，间有心脏形先端渐尖的。老叶的叶面绿色，仅沿叶脉处有疏毛；叶背面密生灰白色或灰褐色星状茸毛。花腋生，聚伞花序。花序梗长2～5厘米，每一花序有花3～5朵，以3朵的居多数。花柄长0.7～1厘米。萼片2～3片，匙形，先端钝尖，浅绿色，密生白色茸毛。花粉红色，花瓣倒卵形，先端钝圆，边缘微皱，有淡紫色波状晕，一般5瓣，少数有6～7瓣。雌雄异株。果实短柱形，近圆形或短椭圆形，果皮密生浅灰白色、相当厚的长茸毛，像蚕茧。果实重约30克，大的可达50～87克。果肉翠绿色，多汁味酸，含可溶性固形物5%～16%，总酸1.3%～2.9%总糖9.7%，维生素C 561～1 379毫克/100克。成熟的果实既可鲜食，又能加工成多种食品，是一个有价值的种质材料。物候期在湖北武汉5月中下旬盛花，果实9月中旬成熟。

四、软枣猕猴桃

软枣猕猴桃主要分布于黑龙江、吉林、辽宁和河北、山西等省，黄河以南也有分布。其代表品种如吉林选育的魁绿等，属于软枣猕猴桃品种。这一种类也是我国耐寒性强、适应性广和利用价值较大的猕猴桃种类。如新西兰近年杂交育成的“黄瓜”品种，就是用美味猕猴桃×软枣猕猴桃→F_1代×美味猕猴桃，即轮回群体选育而成的。其果形似黄瓜，果皮绿色，果重100克左右，已投入商品化生产。软枣猕猴桃为藤本果树，枝条无毛，灰褐色，有小而浅色的皮孔；髓片层状，嫩枝的髓部白色，随着枝条逐渐老化，髓片转为黄褐色。叶片椭圆形或宽卵形，长8～17厘米，宽5.6～9厘米，纸质，先端突尖，近叶柄一端圆形，叶缘有尖锐锯齿，叶面绿色，叶背浅绿色，叶面侧脉分枝处具有白色或黄色簇毛；叶柄长3.5～6厘米，有时具有刺毛。花腋生，为聚伞花序。雌株花序有花1～3朵，雄株花序有花多朵。萼片

5裂，卵形，长5～7毫米，先端钝尖，边缘有毛；花瓣5片，卵形或长圆卵形，白色。果实长圆形或卵圆形，一般果重5～7.5克，最大果重25克。果面浅红至紫红色，光滑无毛；果肉绿色，多汁，味甜微酸，具清香，含可溶性固形物14%～15%，总酸0.93%～1.26%，总糖8.8%～11%，维生素C 81～430毫克/100克。物候期在4月份开花，果实8月中下旬成熟。

五、阔叶猕猴桃

阔叶猕猴桃主要分布于广西、广东、云南、贵州、湖南、四川、湖北、江西、浙江、安徽、中国台湾等省（区）。阔叶猕猴桃以富含维生素C而闻名于世。维生素C最高含量可达2 140毫克/100克，超过刺梨（2 087毫克/100克）、沙棘（883毫克/100克）、酸枣（830～1 170毫克/100克）而居各种水果之首。阔叶猕猴桃为藤本木质果树。其结果母枝呈红褐色或黑褐色，有长短不一的浅红褐色皮孔；节间长4.4～7.9厘米。结果枝为暗黄褐色，新梢先端浅绿色，上有黄锈色斑块；副梢浅绿色。叶厚纸质，近卵形；基部近圆形，近叶柄处稍凹入，近似心脏形，先端渐尖，叶缘有极小的尖锯齿，有的叶缘中部呈不明显的波浪形；叶柄较细，长2～4.5厘米；叶脉灰黄褐色，其旁有不明显的短黄茸毛；叶背呈不鲜艳的粉绿色。雌雄异株。雌花花序为二歧聚伞花序，每一花序有花14朵。花冠直径1.4厘米，呈玉白色，近花瓣基部呈浅红紫色，花甚香；瓣厚，向后反卷，两端圆形，近似纺锤形，5片；子房近椭圆形，纵径约3.5毫米，横径约2.3毫米，密生白色短茸毛；花柱多数，浅绿色，细，向四周伸展，将雄蕊覆盖，柱头稍膨大，近圆形；花药浅黄色，很小，近圆形；萼多3裂，三角形，花开后，萼片反卷，灰绿色，无毛；花序梗长约1.4厘米。雄花为二歧聚伞花序，每一花序有花8～70朵，一般为40～50朵，花开后，在短枝上呈串状，甚香；花序梗长约1.2厘米，浅绿色；花药黄色，短椭圆形；子房退化，近球形，绿白色。果实呈圆柱形或椭圆形，果重

2.2～4.6 克。果面褐绿色，无毛，具有明显的灰黄褐色斑点；果肉翠绿色，种子多，深褐色，汁较多，含可溶性固形物 10%，有机酸 1.1%～1.9%，总糖 3.14%。是一个有价值的种质材料。在湖北武汉，6 月中旬盛花，10 月中下旬采收果实。

第二节　猕猴桃的形态特征

认识猕猴桃形态特征时，要用三维——长、宽、厚及其之间的相互联系来表达，这样比较确切，照片和插图只能表达二维形态结构，不容易完全表现出猕猴桃是一个有机的功能整体。

一、根

猕猴桃为肉质根，1 年生根含水量为 84%，并有多量淀粉，初生根为透明状乳白色，逐渐变为灰褐或黑褐色。根的皮层厚，呈片状龟裂，容易脱落，内皮层为粉红色，根皮率 30%～50%。猕猴桃的导管有两种：异形导管的细胞特别大，普通导管的细胞较小。

主根不发达，小苗 2～3 片真叶时，主根就停止生长，随着侧根发育，主根逐渐衰亡而形成类似簇生性的侧根群。幼苗侧根的分生能力强，产生很多支根。侧根随树龄增长呈水平向四周扩展，呈扭曲状，常间歇性替代生长，衰亡的根基痕迹处呈节状。根的基部和顶端粗度相似。3～4 年生的侧根成为猕猴桃的骨干根，在其上每间隔 30～40 厘米发生支根。须根特别发达，呈丛生性缠绕生长。

猕猴桃根系浅，分布范围广，1 年生苗平均总根数达 7 125 条，平均总长度为 10 777厘米，入土深度达 20～30 厘米，水平分布 25～40 厘米。10 年生藤蔓离根茎 8 米处根系分布在深 15～35 厘米土壤中，距根茎 9 米以外，根系集中在 50～75 厘米土层中。一般成年藤蔓，根系的分布范围可达冠径的 3 倍。

二、芽

猕猴桃冬芽小，有 1 ~ 3 个芽，隐藏于海绵状叶座之内，呈半裸露或裸露状。芽鳞片数枚，多数被有锈色茸毛。中间芽为主芽，在正常情况下主芽萌发抽梢。两侧为副芽，如果主芽受到伤害，副芽也能萌发枝条。头年结果之叶座内的芽，一般都不萌发。叶芽大多发生在苗期和生长旺盛的枝上。花芽为混合芽，较叶芽稍肥大，在发育良好的枝条和结果枝的中上部，形成花芽较多。

猕猴桃发育良好的枝蔓，埋入土壤中容易发生不定芽，粗 1 厘米以上的根，也易发生不定芽。不定芽可以繁殖新的个体。

三、枝

猕猴桃的枝，系由胚根和芽发育而成。枝由节和节间组成，通常有皮孔。髓有实心和片层状两类：实心为浅褐色；片层状为灰白色。木质部组织疏松，导管大而多，韧皮部皮层薄。1 年生枝绿色或褐绿色，无毛或被茸毛、长硬刺毛。多年生枝呈黑褐色，毛茸多数脱落，但留有痕迹。茎的横切面有许多小孔，年轮不易分辨。

四、叶

猕猴桃为单叶互生，膜质、纸质或革质，形状有椭圆形、卵形、披针形、矩形、扇形等，长 5 ~ 20 厘米，宽 6 ~ 18 厘米，顶端呈急尖、渐尖、浑圆或凹陷等，基部呈楔形、圆形或心脏形等。多数有长柄，缘有锯齿，很少近全缘。叶脉羽状，多数叶脉间有明显横脉，小脉网状。托叶常缺。叶上面绿色，下面色较浅，具茸毛或星状毛。

猕猴桃叶的形状，种群之间差异很大，叶下面及叶柄的毛被也不一致。同一植株上叶形和颜色，也因着生部位和年龄而有变化，有的幼叶红紫色，有的种群的叶端或全叶在夏季变为灰白色或粉红色。

五、花

猕猴桃为雌雄异株或杂性，两性花极少。多数为简单的或分歧的聚伞花序，有的单花腋生，有小形苞片，萼片 5 枚，少数为

2～4 枚，分离或基部合生，常呈覆瓦状排列，上面有锈色绒毛。花瓣多为 5 枚，呈倒卵形或匙形，乳白色、淡黄色，淡绿色或紫红色，有香气。雌蕊多数有丁字花药，纵裂，黄色或黑紫色，在雌花中有短花丝和不孕的药囊。雌蕊有上位子房，多室，胚珠多数着生在中轴胎座上，花柱分离，多数呈放射线状，花后宿存。雄花稍小，子房退化，花柱较短（图 1－1）。

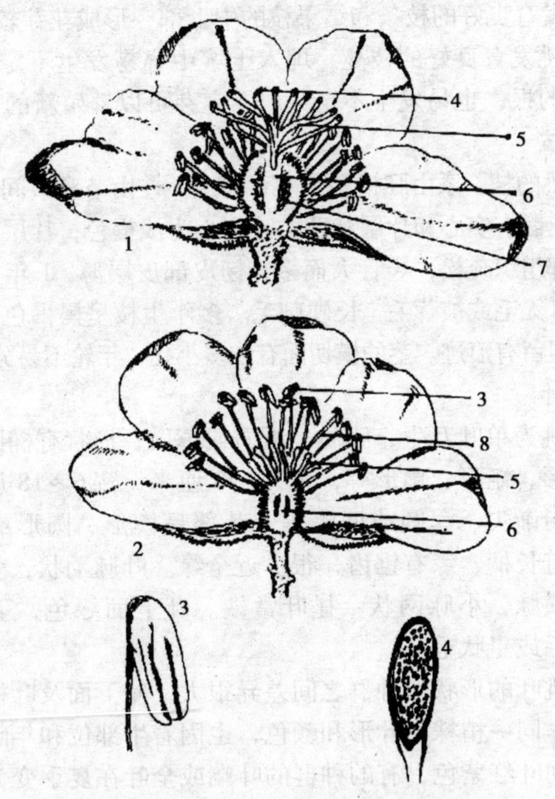

1. 雌花；2. 雄花；3. 花药；4. 柱；5. 花柱；
6. 子房；7. 胚珠；8. 花丝

图 1－1　中华猕猴桃的雌花和雄花

六、果实

猕猴桃果实为典型浆果，表皮无毛或被茸毛、硬刺毛，有斑点（显著的皮孔）或无斑点（皮孔不显著）。果椭圆形、近球形、圆柱形、卵珠形或瓶状卵圆形等。颜色有绿、深绿、橙黄色，种子多数细小，长卵形，深褐色，种皮骨质，有网状洼点，胚乳丰富，胚圆柱状，直立，子叶短小，椭圆形（图1－2）。

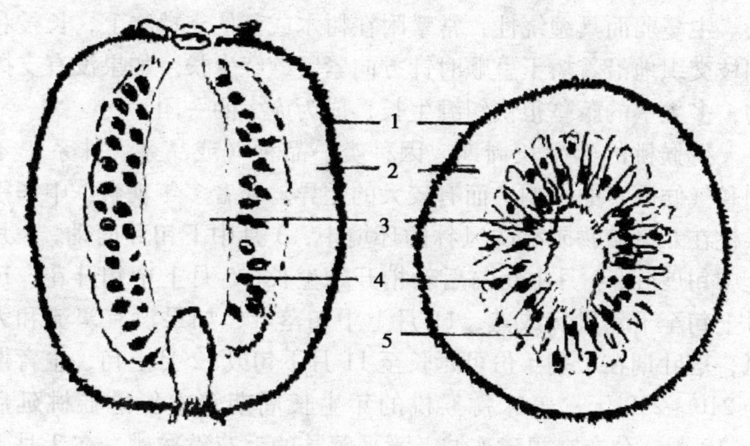

1. 外果皮（心皮外壁）；2. 中果皮；3. 中轴胎座；
4. 种子；5. 内果皮（心皮内壁）

图1－2 中华猕猴桃果实剖面图

第三节 猕猴桃的生长特性

一、寿命

猕猴桃寿命较长，在野生状态下，100多年生的中华猕猴桃和软枣猕猴桃仍然枝繁叶茂，生长健壮。在江西省修水县等地区也发现了结果累累、400多年树龄的中华猕猴桃。数十年生的葛枣猕猴桃、毛花猕猴桃等种类在分布区也可经常见到。

二、物候期

猕猴桃播种后约经1周伸出胚根，20天左右下胚轴向上伸长破土而出，约30天子叶展开，接着第一、第二片真叶相继发生。小苗第一年生长较慢，主蔓一般不分枝，年生长量10多厘米。两年生苗生长迅速并开始在主蔓下部分枝，生长量约50厘米，根颈粗约1厘米。3年以后，年生长量较大，可长至1米多长。主蔓弱而具缠绕性，常攀附在树木或其他支持物上，长枝和侧枝交织地沿着树干呈顺时针方向紧紧缠绕生长。如果没有支撑物，多主茎的藤蔓很快纠缠生长，成为庞大的一团。

猕猴桃的年生长周期，因种类、品种（或品系、株系）不同和气候因素的影响，而有较大的差异。笔者多年观察：中华猕猴桃在北京植物园有防风林的环境中，3月中下旬芽萌动，4月上中旬展叶，4月中旬前后新梢开始生长，5月上中旬开花，10月上旬至下旬果实成熟，11月上中旬落叶，如果没有寒流和大风，落叶期在个别年份可延长至11月下旬或12月上旬，生育期为210～230天；美味猕猴桃的年生长周期较中华猕猴桃延后7～10天。分布在福建连城、漳平等县的毛花猕猴桃，在2月下旬至3月上旬芽萌动，4月下旬至5月上旬开花，果实在10月份内成熟，11月上中旬落叶，生育期260天左右；阔叶猕猴桃在这些地区，由于果实在12月份成熟，落叶期延至翌年春天。东北地区原产的软枣猕猴桃，根据丹东、本溪、恒仁和抚顺等地区调查：4月中下旬芽萌动，4月下旬至5月上旬叶展开，6月上中旬开花，8月下旬至9月中旬果实成熟，9月中旬至10月上旬落叶，年生长周期为160～180天；狗枣猕猴桃的生育期更短，为150～157天。另外还有一些种群，如密花猕猴桃、柱果猕猴桃、美丽猕猴桃、粉毛猕猴桃等均属于常绿植物，没有明显的落叶期。

种群内不同无性系的年生长周期及其各个发育时期的起止，也不很一致，据笔者多年观察，美味猕猴桃和中华猕猴桃种群内，各无性系之间，即使在同一小环境中的同龄藤蔓，花期可相差6~9天。了解种群及其无性系间的开花期，对采集花粉杂交育种或者选择配置授粉树都是很重要的。

三、枝的类型

大多数新枝是从头年生长的枝条叶腋萌发出来，也有一些枝是从较老的（两年生以上）枝上萌发，这种新枝当年不着花。初萌发的枝被有鲜红色的毛，几个星期后，新枝为亮绿色，毛被变为黄褐色的长硬毛，这种硬毛脱落后的残迹能存留多年。枝条在头3星期生长不快，为15~20厘米，然后，根据藤蔓的生长势和枝条着生的位置发育成为有限生长枝（简称有限枝）或无限生长枝（简称无限枝）2种类型。

1. 有限生长枝

生长不旺盛，生长的长度不等。因此，上面着生叶和花的数量也不稳定，枝梢顶端常常枯萎死亡，枯萎部分有时达10厘米长，称“自枯现象”。枝上留有3~6片均已发育为正常大小的叶。藤蔓内膛向下侧生的枝，因光照不足，组织不充实，3~4年后枯萎死亡，并由其下侧生长势强的枝条代替，形成自然更新。生长势强的营养枝在发育后期，出现缠绕习性。有限枝的长度和数量，取决于猕猴桃的品种特性和藤蔓生长势的强弱，短的有限枝称“短枝”或“距”。

2. 无限生长枝

这种枝条在整个生长季节都能生长而不停止。据观察，枝梢4月中旬开始生长，6月上旬生长迅速，尔后减缓，7月份由于雨量多，湿度大，枝梢生长又稍加快，9月以后逐渐减缓，随着低温和寒冷到来，枝梢逐渐停止生长。无限枝的长度可达3~8米或更长，其中有些极度生长的枝称“水枝”，即“徒长枝”。这种枝条直立性强，节间长，常被短硬毛。大多是从老枝上的隐芽发生，向藤蔓中间生长。

有限枝和无限枝没有绝对的区别界限，生长不良的藤蔓或营养、光照不足的弱枝着生有限枝较多，生长势强的藤蔓，容易萌发无限枝。品种之间由于生长势不同，这两类枝条也有一定的比例，生长势较弱的海沃德品种，有限枝的萌发数较生长势强的勃鲁诺要多。

有限枝和无限枝都具有形成花原基开花或结果的能力，但不一定所萌发的枝条都成为结果枝或花枝。好的结果母枝一般都具有下列条件：①呈水平方向生长，长度适中并能自己封顶；②节间短；③芽眼饱满显著；④着生的位置具有充分的光照（图 1-3）。

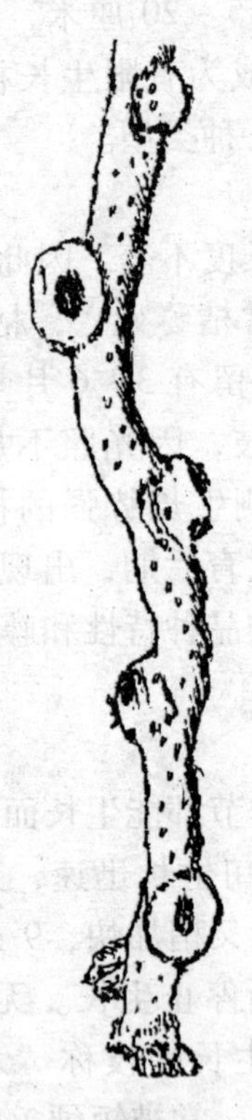

图 1-3 结果母枝

猕猴桃种类和品种之间的发枝率，枝条中的营养枝比例是有差异的，萌枝率高的可达84%，低的只有14%，中华猕猴桃的发枝率为40%～60%，软枣猕猴桃的发枝率为80%～90%，美味猕猴桃为50%左右，但生长势弱的品种，如海沃德的发枝率不到50%，而其中营养枝占10%～30%。

按照营养枝的生长势，又分为发育枝、徒长枝和弱枝。生长充实，着生部位合适的发育枝也可以成为结果枝，结果枝按枝条的长度分为长果枝，为50～100厘米以上；中果枝为10～50厘米；短果枝都在10厘米以下，包括“短枝”。

四、叶和芽的发育

芽膨大20天左右叶展开，头30天叶片生长很快，然后面积扩大，发育至成熟叶形的大小，在再扩大时，宽度大于长度而使叶形发生变异。叶形也受着生的枝条类型的影响，而叶片的大小常决定于着生的位置，也受年龄影响，幼龄藤蔓的叶片特别大。叶柄突然出现，快速生长而达到最后的长度。在初霜时，叶柄形成离层脱落，如果气候异常暖和，落叶期将延至翌年春天。

冬芽萌发后，当年生枝刚出现时，芽即开始形成。从末端叶原基开始发育到最后的叶腋。叶原基呈螺旋状，约每4天沿着枝条相继发生，至开花时，腋芽已有13个叶原基，随后每节的腋芽也陆续出现，至中夏时大量的芽已完成发育。进入冬季时，每个芽已含有3～4个鳞片、2～3个过渡叶、15个叶原基和一些基生腋芽，但每个芽含有的叶原基数量是有差异的。

大约在芽萌发后40天，在最外面的3～4个叶腋间发生基部芽，当进入冬季休眠时，大量的基部芽都已发育至10个叶原基，而且外部密被绵状毛，这些芽翌年春天继续发育，有的还形成分生组织，但这些芽不能正常生长，除非由于生长点被损坏，才生长发育。

冬芽包埋在叶柄基部膨大的叶座内，比其他植物保护得还要好。

五、根系生长

猕猴桃根系生长发育的年周期较地上部分更为复杂。但对根系的研究报道很少。根系的年生长周期很长，温带地区分布的种类，活动期较枝梢的发育周期长，原产在亚热带地区的种类，几乎长年生长而无明显的休眠期。据华中农业大学观察：土温8℃时，美味猕猴桃的无性系艾伯特的根系开始活动。约在6月份，土温20℃左右时，根系生长成为高峰。随着土温增高，根系活动减缓。至9月份，果实发育后期，根系开始第二次迅速生长。随后，由于气温降低根系生长也逐渐减缓。根系生长和地上部分的生长发育常常是有节奏地进行。

猕猴桃根部的异形导管特别发达，根压也大，养分和水分在根部的输导能力很强，如3厘米粗的根被切断损伤1小时左右，整个植株的叶片会全部萎蔫。树液流动期，切断某一部分器官，就会发现很大的伤流。

第二章　猕猴桃的品种选择及良种引进

第一节　猕猴桃的主要品种

一、美味猕猴桃系统

1. 海沃德

由新西兰奥克兰的苗木商海沃德·赖特选育而成的。果实宽椭圆形至阔长圆形，纵径6.4厘米，横径5.3厘米，窄径4.9厘米，单果重80～100克，果皮绿褐色，毛被褐色，中等长度。果肉绿色，甜酸适度，香味浓郁，汁液中等多。可溶性固形物12%～18%，柠檬酸1%～1.6%，蛋白质0.11%～1.2%，水分80%～88%，维生素C 48～120毫克/100克。还含有多种无机盐，果实外形较美观，耐贮藏运输，货架寿命较长。丰产性较差，成熟较晚。

海沃德已是世界各国的主栽品种，1981年在新西兰发现了海沃德的“芽变”果实，形状和海沃德很相似，果实疏被短柔毛。1990年，在意大利也发现类似现象，但果皮颜色为深绿褐色，疏被柔毛。

2. 勃普诺

由新西兰苗木生产者勃鲁诺·贾斯特于1928年选育而成。果实为长椭圆形，果顶部分稍宽，纵径7.4厘米，横径4.1厘米，窄径3.8厘米。平均果重70.8克。果皮褐色，粗糙，被长毛较多，短毛少。果肉绿色，味稍酸。

3. 图马里

由新西兰哈洛德·麦特和费莱契在 1950 年初从堤·普克地区的果园里选育而成，该品种花期较晚，每个开花母枝有 44.3 朵花，为海沃德的授粉品种。

4. 马吐阿

1950 年由哈洛德等与图马里同时选育而成，该品种每个开花母枝有 157.7 朵花，花期很长，目前生产中大多采用这个品种做授粉树。

5. “B1”（“M51”）

这个雄性系也是从生产果园中选出来并在新西兰堤·普克试验果园中试种，据张洁和索洛普观察，这个品种的开花期较长，花量较多，每个开花母枝有 179 朵花，可作为海沃德的授粉品种。经有关部门同意，已大量繁殖用于生产。近年来，又选出“M52”及“M56”等系列雄性品种，并为世界上许多国家所引种，日本等国还从新西兰购买花粉，进行授粉。

新西兰的苗木生产者和科学家选育和命名的品种还有艾勃特、康斯契里克特、艾姆渥特、格莱西、蒙蒂等，这些品种都在生产上栽培过，后来都被海沃德取代了。

近年已从海沃德突变体中选出果皮无毛的鲜食无性系，在实生苗中选出品质优于海沃德的鲜食和加工类型，还选出了两性花的无性系。这个无性系刚结果时为 30～40 克果重，经筛选后已获得较大果实类型。新西兰普兰提湾斯克尔顿经过 15 年努力，在 455 株雌性无性系中，从勃鲁诺系统中选出“BX 513”无性系，该无性系 1984 年结果，果皮具丝状毛，容易脱落，果重 110～115 克，果心软，味甜，嫁接后 20 个月即可获得 23.5 托盘产量，比海沃德早熟 35 天。新西兰还从实生苗中选出早期结果并能丰产的砧木类型。这些优良的无性系正在进一步鉴评，获得许可后投入生产。

6. 秦美

即“周至111”。由陕西省果树研究所在陕西省周至县九峪公社前九峪大队回沟，970 米海拔生长的群体中选育，1986 年鉴定命名。果实阔卵圆形，果皮黄绿色，较粗糙有刺毛，但容易脱落。平均果重 100 克，最大果重 160 克，纵径 6 厘米，横径 4.7 厘米，侧径 4.4 厘米。果肉绿色，汁多，芳香酸甜适口，可溶性固形物 9%～10.2%，总酸 1.69%，维生素 C 含量 242.9 毫克/100 克。8 年生树龄的果园平均亩产 2 902千克，其中 70 克以上的果实占 93.5%。该品种目前已在陕西、北京等地大面积推广，作为商品生产基地。果实 10 月下旬至 11 月上旬成熟。

秦美抗旱、耐寒，丰产性强。在 11～13℃室温条件下能存放 38 天。该品种曾多次获奖，1992 年又获中华猕猴桃开发集团公司优良品种奖。

7. 徐香

即徐州 75－4。是江苏省徐州市果园 1975 年从中国科学院植物研究所北京植物园繁殖的海沃德大果型实生苗中选育。1990 年 11 月通过省级鉴定。该品种果实圆柱形，果皮黄绿色，被褐色硬刺毛，平均果重 75～110 克，最大果重 137 克，纵径 5.8 厘米，横径 5.1 厘米，侧径 4.8 厘米，果肉绿色，汁液丰富，味酸甜适口，有浓香。可溶性固形物 15.3%～19.8%，总糖 12.1%，总酸 1.42%，每百克鲜果肉中维生素 C 含量为 99.4～123 毫克。成熟期 10 月上旬，3 年生树龄产 3.8 千克，平均亩产 280 千克。1988 年获中华猕猴桃开发联合体“希望奖”，1992 年又获中华猕猴桃开发集团公司基地优良品种鉴评会优良品种奖。

8. 华美 1 号

即“79-5-1”。系河南省西峡县猕猴桃研究所选育。1985 年通过鉴定。该品种果实长圆柱形，密被褐黄色长硬刺毛。平均果重 56 克，最大果重 100 克，纵径 7.6 厘米，横径 3.4 厘米，侧径 3.4 厘米，果肉绿色。味酸甜可口，可溶性固形物 11.8%～

15%，总酸1.13%，维生素C含量110～148毫克/100克。果实成熟期10月上旬至下旬。该品种抗寒、抗旱、耐贮藏，抗病性也较强，丰产。已在四川、云南、湖北等地推广。华美1号也适于加工，切片时果实利用率高。1992年被评为中华猕猴桃开发集团公司优良品种奖。

9. 金魁

即“金水Ⅱ-16-11”。系湖北省农业科学院果树茶叶研究所从“竹溪2号”的实生苗中选出，经过13年精心培育而成。果实阔椭圆形，果皮较粗糙，褐黄色，被硬糙毛，毛易脱落，平均果重119克，最大果重172.5克，果肉翠绿色，汁液多，味浓，甜香可口。含可溶性固形物18%～21.5%，总糖13%～16%，总酸1.6%～1.8%，总氨基酸368.68毫克/100克。维生素C含量120～240毫克/100克。成熟期10月下旬至11月上旬，丰产，耐贮藏，3年生苗株产17.5千克。1988年获“希望奖”，1992年10月被中华猕猴桃开发集团公司评为优良株系。

10. 周园1号

由陕西省周至县园艺蚕桑站选育而成。该株系果实圆柱形，果皮黄褐色，毛多而细柔，果点小而密。果重110克，最大果重220克，果肉翠绿，汁多香浓，酸甜适口，可溶性固形物含量9.59%，还原糖8.48%，酸1.36%，维生素C 90.24～290毫克/100克，还含有17种氨基酸。成熟期10月下旬前后，树势较强。1992年被中华猕猴桃开发集团公司基地优良品种鉴评会评为优良株系。

11. 米良1号

湖南吉首大学生物系在湖南省凤凰县米良乡1 000米海拔处发现的群体中选育。该株系果实长圆柱形，果皮褐色，密被褐色硬毛，果点圆形或椭圆形，中等大。平均单果重80克左右，最大果重162克，纵径、横径和侧径分别为7.5～7.8厘米、4.6～4.8厘米和4.1～4.6厘米，果肉绿黄色，汁液较多，酸甜适度，有芳香。果实含可溶性固形物15%，总糖7.35%，总酸1.25%，维生素C含量188～207毫克/100克。果实在10月上旬成熟。4年生树龄株产26.92千克，最高达46.5千克。米良1号生长势较强，能抗干旱，耐贮藏。1992年被中华猕猴桃开发集团公司优良品种鉴评会评为优良株系。

12. 青城1号

四川省自然资源所等单位于1981年在都江堰市青城镇五里村的野生群体中选育。1990年定为品种，果实圆柱形，果皮褐色，密被褐色硬毛，毛易脱落，平均果重77克，最大果重125克，纵径6.1厘米，横径4.2厘米，侧径3.7厘米，含可溶性固形物13.8%，总酸1.1%，100克鲜果肉中含维生素C 80.5毫克，果肉翠绿，质细多汁，酸甜可口，有浓香。该品种树势强，结果早。果实在10月上旬成熟。

二、中华猕猴桃系统

我国在资源调查中已选出较好的株系1 400多个，通过鉴定的优良品种24个，优良无性系71个，属于美味猕猴桃系统的有以下几种。

1. 庐山香

即“庐山792”。由江西省科学院庐山植物园黄演濂、朱玉春于1979年在江西武宁县罗溪乡坪源村的张绍文报优后选育而成。果实长圆柱形，整齐美观，果皮黄绿色至褐黄色，平均果重87.5克，最大果重175克，纵径6厘米，横径5.2厘米，侧径5厘米。果肉淡黄色，细嫩多汁，香气浓，可溶性固形物13.5%～16.8%，总糖12.58%，总酸1.48%，维生素C含量159.4～170.6毫克/100克。嫁接苗第二年最高株产6.2千克，第三年7.7千克，折合亩产370千克。

庐山香较耐贮藏，丰产，已在10多个省引种栽培，是鲜食和加工兼用品种，曾被评为农业博览会金奖、优良品种奖，1992年10月又被中华猕猴桃开发集团公司鉴评会评为优良品种。

2. 魁蜜

即“F. Y. –79-1”。由江西省农业科学院园艺研究所和奉新县猕猴桃研究所在奉新县澡洒乡荒田窝900米海拔的山地发现，经无性繁殖和培育选出。果实扁圆形，果皮较薄，黄褐色，茸毛短，稀少。平均果重92. 3克，最大果重99克，纵径、横径和侧径分别为5. 14厘米、5. 74厘米和5. 17厘米。果肉绿黄至黄色，肉细多汁，甜酸适度，风味和香气较浓。在室温条件下贮藏15天，高海拔地区可存放30天。9月中下旬成熟，生长势中等，单株产量18千克左右。该品种经江西省鉴定后已在全国许多地区推广，在江西、广东和江苏省发展面积较大。

3. 早鲜

即F. T. -79-5。1979年由江西省农业科学院园艺研究所等单位在奉新和修水两县邻接的630米海拔老山石窝中选出，1980年嫁接，1985年11月鉴定。果实圆柱形，外形美观。果皮绿褐或灰褐色，密被绒毛，毛不易脱落。果重75. 1~94. 4克，最大果重132克，纵径5. 5~6. 3厘米，横径4. 7~4. 8厘米，测径4. 5~4. 7厘米，果肉绿黄色。总糖7. 02%~9. 08%，柠檬酸0. 91%~1. 25%，100克鲜果肉中含维生素C 73. 5~97. 8毫克。汁多，酸甜，风味浓，有清香。果实较耐贮藏，在室温条件下，可存放10~20天，在冷藏条件下可贮藏4个月，货架寿命10天左右。

嫁接苗定植后一般3年结果，平均株产11~14千克，最高株产17. 5千克，树势较强，以短果枝结果为主。果实在8月下旬至9月上旬采收。

4. 怡香

即“X. L. -79-11”。1979年由江西省农业科学院园艺研究所从修水县老山野生猕猴桃群体中选育，1981年复选，1982年决选，由园艺研究所和奉新古迹林场育苗，已在江西省安福等13个县、市和浙江、江苏等9省18个县、市试种，面积为240亩以上，1990 年鉴定命名。

果实短圆柱形，端正，果皮薄，绿褐色，果点小而密。平均果重 83.2 克，最大果重 151 克，70 克以上的商品果占 85.8%，纵径 5.1～5.8 厘米，横径 4.7～5.4 厘米，侧径 4.5～5.1 厘米。果肉绿黄或黄绿色，多汁，酸甜适口，风味较浓，有香气。可溶性固形物 13.5%～17%，总糖 6.64%～11.84%，总酸 0.94%～1.38%，维生素 C 含量 62.1～81.5 毫克/100 克。果实在 20～25℃室温下可存放 12～15 天。

怡香生长势强，结果枝率达 87.5%～96.7%，以长果枝结果为主，4～5 年生植株每公顷产量为 15 000千克。果实采收期 9 月初至中旬。

5. 通山 5 号系

由湖北省通山县等单位于 1980 年 9 月在通山县三界乡海拔 554 米的野生群体中选出。母株为 60 年生。

果实长圆柱形，密被灰褐色短茸毛，果实成熟后毛易脱落，果皮较光滑。平均果重 90.3 克，最大果重 137.5 克。纵径 6.6 厘米，横径 5.7 厘米，侧径 5.3 厘米。果肉绿黄色，多汁，酸甜可口，味芳香，可溶性固形物 15%，总糖 10.16%，总酸 1.16%，维生素 C 含量 88.1～175.68 毫克/100 克。

该品种平均结果枝率 65%，较丰产，抗旱，抗病虫，较耐贮藏。果实于 9 月中下旬成熟，可作鲜食、加工兼用品种栽培，已有湖北、湖南、河南、江苏、浙江、四川、贵州、福建以及北京等省、市的 24 个单位引种。

6. 武植-3

即“武植 81-36”。系由中国科学院武汉植物研究所于 1981 年从江西武宁县罗溪乡海拔 930 米的野生群体中选育，1985 年 10 月鉴定并命名。

果实椭圆形，果皮暗绿色，被稀疏茸毛，单果重 80～90 克，最大果重 150 克，纵径 5.8～6.8 厘米，横径 4.7～5.7 厘米，侧径

4.4～5.3 厘米。果肉淡绿色，肉细多汁，味酸甜适度，有香气。总糖 6.4%，总酸 0.9%，维生素 C 含量 250～300 毫克/100 克。

该品种结果枝率平均为 69%，最高达 95%，丰产稳产，3 年生嫁接树株产 17.5 千克。比较抗病、抗旱。果实于 9 月至 10 月上旬采收。在湖北已大量推广。

7. 秋魁

即“LQ-25”。由浙江省农业科学院园艺研究所于 1979 年从龙泉县的野生猕猴桃群体中选育，1988 年鉴定命名。

果实短圆柱形，端正整齐，单果重 100～122 克，最大果重 195.2 克，纵径 6～6.4 厘米，横径 5.2～5.3 厘米，果肉黄绿色，肉细多汁，酸甜适口，有清香，含可溶性固形物 11%～15%，总糖 7.1%～10%，有机酸 0.91%～1.1%，维生素 C 含量 100～154 毫克/100 克。果熟期 9 月下旬至 10 月中旬。在室温条件下果实可存放 15～20 天。秋魁是以鲜食为主的品种。

该品种树势较强，定植后第三年平均株产 5.8 千克，在山地、丘陵和平原均可栽培，适于密植。

8. 厦亚 1 号

即“79-72”。系由福建省亚热带植物研究所于 1979 年在福建的野生群体中选出，1988 年通过省级鉴定，为厦门市商品基地的主栽品种。

果实椭圆形，均匀美观，平均单果重 86.2 克，最大果重 181.8 克，纵径 5.6 厘米，横径和侧径分别为 5～6.8 厘米和 4.6～6.1 厘米，果肉黄绿色，味酸甜，清香，口感好。可溶性固形物 12.5%～15.2%，总糖 6.63%～7.55%，总酸 0.64%～1.02%，维生素 C 含量 82.1～84 毫克/100 克。果实在常温下存放 7～10 天，可作鲜食和加工兼用品种。

该品种结果枝率达 99%～100%，坐果率 90% 以上。3 年生树亩产 1 640千克。丘陵山地及平原均可种植。

9. 华光 2 号

即“76-2-A”。由河南省西峡林业科学研究所等于 1976 年在西峡县陈阳乡选出，1983 年命名。

果实宽卵圆形，果皮褐色，洁净，大小均匀，平均果重 60 克，最大果重 114.5 克，纵径 5.1 厘米，横径 4.3 厘米，侧径 4.2 厘米，果肉浅黄色，汁液多，味酸甜，有香气，含可溶性固形物 13%，总酸 1.24%，总糖 6.51%，维生素 C 含量 116 毫克/100 克。9 月中旬果熟，货架寿命较短。

该品种树势中等，较丰产，抗寒、抗旱性较强，抗病虫较差，适应于山地和平原推广。

10. 皖蜜

即“83-01”。系由安徽农学院园艺系 1983 年在安徽省东至县良田乡西村海拔 300 米处的野生群体中选育。

果实短圆柱形，果皮淡褐色，被疏短茸毛，大小整齐。平均果重 89 克，最大果重 110 克，纵径 6.3 厘米，横径 4.5 厘米，侧径 4.3 厘米。果肉淡绿黄色，肉细多汁，酸甜适口，香气较浓。含可溶性固形物 16%，总糖 13.5%，总酸 1.4%，维生素 C 158 毫克/100 克。果实 9 月中旬采收，在室温下可存放 15 天。

该品种以短果枝结果为主，结果枝率 65% ~90%。

11. 琼露

即“78-陈阳 4 号”、“78-cy-4”。系中国农业科学院郑州果树研究所与河南南阳地区土产公司等单位，于 1978 年在西峡县陈阳乡陈阳大队龙潭沟的野生群体中选育。

果实短圆柱形，果皮黄褐色，较光滑，果实平均重 70 克左右，最大果重 129 克，纵径 6 厘米左右，横径 5 厘米左右，侧径 4.8 厘米。果肉淡绿黄色，汁液丰富，味酸甜，微香。总糖 6.7% ~11.7%，总酸 0.60% ~2.01%。100 克鲜果肉中含维生素 C 241.12 ~318.56 毫克。9 月中旬果实成熟。

该品种较耐贮藏，适应性较强，3 年生植株平均产量 6.3

千克，最高可达17.5千克。可兼用于鲜食和加工。

12. 开雄

浙江省农业科学院园艺研究所从实生群体中选育出来的雄性株系。主要性状见表2-1。

表2-1　开雄雄性系的主要情况

部位	花期	每朵花药数(个)	母药花粉量(万粒)	花粉萌发率(%)	每朵有效花粉(万粒)	花粉管长度(微米)
顶花	5月1~3日	40.4	1.70	78.5	53.9	260.5
侧花	5月4~6日	30.4	0.63	42.8	8.2	89.8

开雄花粉每花枝平均有20.1朵花；花粉粒为24.6微米×26.8微米，这个雄性系与“LQ~8”授粉的效果较好。

三、软枣猕猴桃系统

1. 8134

中国农业科学院特产研究所于1981年在吉林省集安县榆林乡野生群体中选育。

果实圆形，果皮浅绿色，有光泽，美观。平均果重16克，最大果重23克，纵径3.2厘米，横径约3.2厘米，果肉绿色，汁液多，酸甜可口，香气浓郁，可溶性固形物14%，总酸1.1%，100克鲜果肉中含维生素C 112毫克。丰产。

2. 宽-8348

1983年由辽宁省宽甸果树服务站在宽甸县红石砬子乡雁脖沟软枣猕猴桃群体中选育。

果实圆球形，果皮绿色，平均果重22.9克，最大果重36.8克，纵径4.2厘米，横径3.5厘米。果肉绿黄色，肉脆汁多，有香味，可溶性固形物18.9%，总酸1.36%，每100克鲜果肉中含维生素C 126.88毫克。

3. 辽丹-134

辽宁省丹东市林业科学研究所于1983年在宽甸县虎山乡太

平川村孙家沟的野生群体中选出。

果实圆球形，整齐，果皮绿色，平均果重 23.1 克，最大果重 28.7 克，纵径 3.7 厘米，横径 4.4 厘米，汁液较多，味酸甜，可溶性固形物 11%，总酸 1.46%，每 100 克鲜果肉中含维生素 C 78.89 毫克。

该无性系 9 月下旬成熟，树势强，株产 30 千克。

此外，意大利已选育出“Jumbo ”、“MiCros”、“Rosy”、“Sel87/4”、“Rossana”、“Clamoni”等软枣猕猴桃品种作生产栽培。最近又选出了“Miss green”，这个品种十分丰产。日本也已从该国原产的软枣猕猴桃群体中选出优良的无性系。新西兰已开始进行软枣猕猴桃选择育种工作，认为可以直接用于生产栽培，很有发展前途。

四、毛花猕猴桃系统

1. 沙农 18 号

1980 年由福建省沙县农业局茶果站在沙县毛花猕猴桃群体中选育。

果实圆柱形，果皮褐色，密被灰白色长茸毛，毛易脱落。平均单果重 61 克，最大果重 87 克，纵径 6.5 厘米，横径约 3.9 厘米，果肉绿色，味甜酸，有香气。总糖 5.6%，总酸 1.86%，100 克鲜果肉中含维生素 C 813 毫克。果实在 10 月中旬成熟。树势和适应性均较强。

2. 安章毛花-2

由福建省顺昌县经济作物站在埔上国营林场安章工区橘子园路旁的群体中选出。果实长圆柱形，平均果重 48.7 克，最大果重 72 克，果皮毛茸在 8 月中旬开始脱落，为脱毛类型。

3. T-3

由福建省泰宁县茶果局在泰宁县新桥乡水无大队海拔 1 450 米处的毛花猕猴桃群体中选育。果实圆柱形，整齐，果皮茸毛在成熟时容易脱净，呈光滑、灰褐色果皮。平均果重 16.6 克，最大果重 30 克，果肉绿色，可溶性固形物 6.8%，总酸 2.7%，100 克鲜果肉中含维生素 C 1 379.8毫克。

第二节　猕猴桃的良种引进

一、猕猴桃良种引进的意义和作用

（一）良种区域化

优良品种只有适地栽培才能充分发挥其优良的性状。因此，每个猕猴桃基地都应根据当地的自然条件，选择适宜当地条件的、最能发挥优势的优良品种 1～2 个，重点发展，形成拳头产品和特色，创立名牌。

（二）品种改良与更新

品种的选育，使其不断更新，不断在品质、产量或抗逆性等方面有所提高。但是，没有最好，只有更好。同样，市场对品种的要求也是不断更新，不断提高的。因而，每个商业化生产基地，都存在品种更新问题，不然，就会在商品消费的大潮中被逐渐淘汰。所以，不想被动退出，就得主动跟随市场的变化进行品种改良与更新。

二、猕猴桃良种标准

从生产和鲜销猕猴桃果品的层面衡量，其良种标准应包括以下几个方面。

（一）果实性状

1. 果皮色泽

指果实充分成熟时的果皮颜色。现实地讲，猕猴桃的果实色泽不十分鲜艳。多数为褐色、绿色或黄色，极少数为紫红色。现在国内、国际市场都比较喜欢红色和紫红色品种。但一般黄色或橙黄色品种比较甜。

2. 果实形状

猕猴桃果实形状以外观周正的椭球形、球形、柱形为好。但目前对猕猴桃的消费观念品质为首选，大小为次，果形和皮色似乎不很重要。

3. 果实大小

中华猕猴桃一般分为大（110 克以上）、中（90 ~ 109 克）、小（70 ~ 89 克）和级外（69 克以下）4 个等级，美味猕猴桃一般分为大（120 克以上）、中（100 ~ 119 克）、小（80 ~ 99 克）和级外（79 克以下）4 个等级。现代商品果对果实大小的要求还包括整齐度高，大小均匀一致。

4. 果实品质

果实品质主要包括果实可溶性固形物含量，果肉质地，果实硬度、香味、口感、可食率，果实含糖量、含酸量、维生素含量、蛋白质含量、微量元素含量、纤维素含量、特殊物质含量等。对于猕猴桃，一般以可溶性固形物含量为基本衡量指标，附以香味、果肉质地等。可溶性固形物为可滴定酸、可滴定糖、可溶性无机和有机化学物质如可溶性蛋白质、氨基酸、维生素等的总和。鲜食猕猴桃的可溶性固形物含量一般为 13% ~16% 内。可溶性固形物含量在 12% 以下者为低，口味较淡；在 14% 以上者为适中，口味较好；在 20% 以上者为过高，口味过甜而腻，适于加工。对于加工品种，要求可滴定酸含量在 1% 以上。对于鲜食品种，当可滴定酸含量在 0. 8% 以下者为低，口味较淡；在 1% 左右时，甜酸适度；超过 1. 2% 时，味较酸。

果实硬度，采收期以 6. 5 千克/平方厘米为宜，销售期以 4 千克/平方厘米左右为宜，可食期以 1. 5 ~2. 5 千克/平方厘米为宜。香味以香气浓为好。口感以质地均匀细腻、汁多、酸甜适度为宜。

（二）结果习性

猕猴桃的品种一般早果性好，定植后第二年就可进入经济初果期，3 ~4 年就进入盛果期，个别品种如海沃德，进入初果期需 3 ~5 年，进入经济初果期需 5 ~6 年，进入盛果期需 7 ~8 年。

但目前采用的栽培措施一般可将其提前1~2年。

猕猴桃为雌雄异株，花不含蜜腺，是以风媒为主的异花授粉型果树，一般需配备1/8~1/5的授粉树。在授粉树配置良好的情况下，其结实率较高。授粉树的定植要均匀分散，不能成行定植。如果花期受阴雨天气的影响，则结实率较低，需要进行人工授粉。

丰产性：中华猕猴桃和美味猕猴桃的推广品种一般都很丰产，每亩产量在3 000千克以上。但出于对保证果实品质方面的考虑，一般要求每亩产量以1 500~2 000千克为宜。

（三）物候期

1. 花芽

猕猴桃的花期较晚，一般在桃、梨、苹果等果树之后。中华猕猴桃的花期早于美味猕猴桃。中华猕猴桃一般在4月中下旬，而美味猕猴桃在5月上旬。因而，授粉品种的选择常需要选同种类、同期开花的品种才行。猕猴桃的花期一般为1周左右。但雌性品种以中期开的花质量好，所结果实果形正；雄性品种以早期花质量高。因而，更准确地讲，选配雄性授粉品种时，以其初花期正遇雌性品种的盛花期为宜。

2. 果实成熟期

猕猴桃栽培品种成熟期一般分为早熟品种、中熟品种和晚熟品种。由于猕猴桃种植地域较大，所以很难用地方成熟期来衡量。只能以达到采收成熟度、能够上市为准来称谓同期成熟品种。早熟品种指8月份以前达到成熟度而能够上市的品种，中熟品种指9月份上市的品种，晚熟品种指10月份上市的品种，极晚熟品种指11月上市的品种。目前，尚未发现7月成熟的极早熟品种，也未培育出早熟的美味猕猴桃品种。

（四）树体生物学特性

1. 根

猕猴桃根为肉质根，皮层厚，初生白色，后转为黄褐色、灰褐色至黑褐色，嫩而脆，有纵纹。主根不发达，侧根和须根多而密集。根系受伤后再生能力强，既能发新根，又能产生不定芽。此外，猕猴桃根的异形导管发达，春季根压大时，伤流重，伤流期应避免根部损伤。土温8℃时，根系开始活动，20.5℃时最旺盛，29.5℃时停止产生新根。根系一年有3~4个生长高峰。分别在伤流期、新梢迅速生长期后、果实迅速膨大期后和采果后到落叶前。

2. 花芽

猕猴桃花芽，即花序芽，为混合芽，抽生结果枝蔓。结果枝蔓上着生花序。花序芽的生理分化期一般在开花的上一年的7月中下旬至9月上中旬，形态分化期从开花当年芽萌发前开始，到花蕾露白前完成，达50~60天。

猕猴桃的雌雄花均为两歧聚伞花序，包括顶花和第一、第二级侧花。雄性品种侧花的发育进程与顶花相似，但更快。中华猕猴桃和美味猕猴桃的雌性品种的侧花，败育在花瓣原基形成期。春季早期遇低温时，基部的顶花与侧花易发生融合，产生扇形畸形果。

3. 枝蔓

猕猴桃的嫩梢具有蔓性，常按逆时针方向旋转盘绕支撑物并向上生长，木质化后具有枝性，但较软，需要支撑物支持，因此，需要搭架。猕猴桃的骨架枝蔓由主干、主枝蔓、侧枝蔓、结果母枝蔓组、结果母枝蔓、结果枝蔓和营养枝蔓组成。结果枝蔓与营养枝蔓的比例为1∶3。一般选长势中庸、组织充实的营养枝蔓来培育成结果母枝蔓，对产量和果实品质的提高有利。另外，一般美味猕猴桃枝蔓的生长势强于中华猕猴桃和软枣猕猴桃，在修剪时注意去强留中庸。一年有2~4个生长高峰。

4. 叶

猕猴桃的叶互生。叶柄长，叶片大，半革质或纸质。其耐阴而喜光。修剪时尽可能地使叶片都能够见光，提高有效叶面积，减少幼嫩叶、衰老叶、遮阴叶、病虫害或风等机械损伤造成的无效叶数量。

5. 果实

猕猴桃果实一年有迅速生长期、慢速生长期、微弱生长期3个明显的阶段。其营养成分因品种和栽培管理水平不同差异较大。管理好的果园营养物质的浓度高，可溶性固形物含量高，种子颜色深，饱满。果实发育过程中，内部化学成分和浓度在不断变化。发育早期，单糖转化为淀粉。花后约16周，淀粉约占总干物质的50%。17～20周时，淀粉降解为糖。无机盐含量在果实发育初期较低，其后变化不大。有机酸类总量在前期稳步上升，19周后基本保持不变。维生素C含量在花后10周内上升很快，其后稍有下降。猕猴桃果实的呼吸模式与桃、苹果相似。在早期有很高的呼吸峰，然后下降并稳定在基础呼吸率。

6. 物候期

猕猴桃的物候期主要有伤流期（早春萌芽前约1个月到萌芽后约2个月）、萌芽期、腱叶期、新梢开始生长期、现蕾期、始花期、盛花期、终花期、坐果期、新梢停止生长期、果实停止迅速生长期、二次新梢开始生长期、二次新梢停止生长期、果实成熟期、落叶期和休眠期（表2－2）。

表2－2 几个产区中华猕猴桃和美味猕猴桃的主要物候期

产区	萌芽期		开花期		果实迅速膨大期		落叶期		代表品种
	中华	美味	中华	美味	中华	美味	中华	美味	
北京	—	3月下旬至4月上旬	—	5月中旬	—	5月下旬至7月下旬	—	11月下旬	秦美
郑州	3月上旬	3月上中旬	4月中下旬	5月上旬	4月下旬至6月上旬	5月上旬至7月上旬	12月上中旬	12月上中旬	琼露、秦美

（续表）

产区	萌芽期		开花期		果实迅速膨大期		落叶期		代表品种
	中华	美味	中华	美味	中华	美味	中华	美味	
周至	—	3月下旬	—	5月上中旬	—	5月中旬至7月中旬	—	12月上旬	秦美
西峡	3月上旬	3月上中旬	4月中下旬	5月上旬	4月下旬至6月上旬	5月上旬至7月上旬	12月上中旬	12月上中旬	琼露、秦美
桂林	2月中下旬	—	4月中下旬	—	—	—	10月下旬	—	桂海4号
上海	3月上旬	3月上中旬	4月下旬	5月上旬	5月上旬至6月下旬	5月中旬至7月上旬	11月中下旬	11月中下旬	魁蜜、秦美

三、良种引种原则

（一）新建园的品种选择原则

第一，首先选择原产于当地的品种。如陕西产地选秦美、哑特、秦翠等；湖北选金魁、武植—3、金农、金阳等；湖南选米良1号、丰悦、翠玉等；江苏选徐香、徐冠；江西选魁蜜、素香、怡香、早鲜等；广西选桂海4号，实美等；四川选红阳等。

第二，选择非原产地，但适合当地气候、土壤条件的品种，特别是具有广泛适应性的品种。如哑特、海沃德、金魁、秦美等。徐香在上海、广东，哑特、秦美、金魁在河南等地都表现很好，可以借鉴选栽。

第三，注重选择新品种，特别注重有发展前景和市场潜力的品种。

第四，大规模型猕猴桃商品基地规划时，要注意早、中、晚熟品种的搭配。其比例根据市场需求预测和贮藏运输、加工能力等因素来定。

第五，在选好适栽的品种后，还要注意选择适合于当地社会、经济、交通、运输、贮藏、加工和销售市场条件等品种特性。如距离大城市较近，且交通方便，可栽植贮藏运输性较差，但品质优良的鲜食品种，如早鲜、庐山香、红阳、金农、金阳等；反之，应注重品种的耐贮藏运输性，栽植哑特、秦美、金魁、海沃德等耐贮性好的品种。有加工条件的可着重发展加工品种，如琼露、金农、金阳、庐山美、红阳、华光2号、素香、怡香、早鲜、庐山香等。

第六，注意授粉品种的选择搭配。猕猴桃栽培品种均为雌雄异株，因此，建园时，必须同时选择与其相匹配的雄性品种。选择的原则为：雄性品种的花期范围与雌性品种相同或稍宽，雄花量大，花粉量大，花粉萌芽率高，与所选雌性品种亲和性好。雄雌配置比例为1∶5~8。

（二）老园高接换头更新品种选择原则

老园高接更新品种的选择原则同新建园。但要注意高接换头的品种来源可靠，纯度高，接穗健康，不带任何病虫害。

四、良种引种方法及注意事项

（一）引种方法

生产单位引种，栽培品种一般采取引进接穗和苗木，砧木的引种一般引进种子。用于科学研究而无法采用上述方法引种时，可以采花粉或采茎尖引种。

（二）引种注意事项

第一，引种时要在品种的所存地进行检疫，防止被检疫的病虫害引进和扩散。材料引入后要进行检查和消毒，防止一些为害较重的病虫害的发生和扩散。

第二，在引种时对被引进的材料检查，如发现畸形叶片较多、或苗木出现小老、变形等症状，尽可能不要引进，这些变形的材料可能带有病毒。

第三，生产单位引种，注意授粉品种的配置。

第四，引进有发展前景的品种。红色果肉和无毛小果猕猴桃将会成为国际猕猴桃消费市场的新亮点，注意在新建园时，从发展的眼光着手，做适当调整。

第三章　猕猴桃的育苗技术

育苗是猕猴桃生产的重要环节，苗木生长的好坏关系到以后收成的多少。要生产出优质苗木，必须使用规范化的先进技术，使培育出来的苗本实现规范化，保证品种的纯正、砧木健壮。完善的育苗技术，可使果树缩短营养生长期，提早受益，提供最好的达标苗木。

第一节　猕猴桃的实生繁殖

实生繁殖又叫种子繁殖、实生育苗，用这种方法繁殖的苗子叫实生苗。由于实生繁殖的变异大，常不能保持母本的优良特性，影响品质，结果晚，而且育出的苗大部分是不能结果的雄株，影响产量，因此一般不用此法育苗建园。由于实生苗来自父、母本，生命力强，根系发达，利用这一优点常常用它作繁殖苗木的砧木用。

一、苗圃地的选择

苗圃地要选交通方便，有很好的排灌条件的地块。因猕猴桃根系极怕渍水，特别是幼苗期，渍水 1 天，可使苗子全部淹死；又因根系浅，叶片大，需水多，特别是在夏、秋干旱季节要及时灌水。不宜在病虫害严重地方建苗圃，而且作苗圃的地块不要连作，要换茬，以水旱轮作地作苗圃地最为理想。最好选沙壤土作苗圃地，沙壤土排水、透气性好，保水保肥能力强，有利于幼苗根系的发育和地上部的生长。黏重的黄泥土，易板结。春季土温上升慢，出苗晚，出苗不整齐，出苗率低，苗木生长不好。在丘陵地区的过于疏松的麻砾土，保水保肥能力差，易干旱，苗木生长不良。土壤以微酸性为好。一般 pH 值为 5.5～6.8 的较适宜。对一些贵重材料或稀少材料的种子可播种在无土营养基质上。这种基质的优点是重量轻，便于运输，幼苗长出后移栽容易、成活率高。采用此法育苗，再配合良好的灌溉、肥料和环境条件，可获得生长健壮、根系发达的优质苗木。无土营养基质主要成分是泥炭、树皮、沙子、锯末、浮石。

二、种子的采集和贮藏

（一）种子采集

用于采集种子的母株必须是生长健壮、无病虫害、果实品质优良、果大、丰产的单株。采集充分成熟的果实，果实采收后自然存放，放软后立即洗种，不能堆沤。果实软熟后立即清洗的种子，经沙藏层积后，其发芽率达 80% 以上，且发芽快而整齐；而软熟果实堆沤 3 天后经沙藏层积后，其发芽率仅 20% 左右，且发芽推迟 15 天；软熟果实堆沤 1 个月，其种子发芽率不到 1%，且发芽推迟 1 个月以上，发芽不整齐。

将放软后的果实进行洗种。把果皮挤出，剩下的果肉和种子装入纱布袋中，充分搓碎揉烂，压出果汁。再将种子和残渣放在水中淘洗，使杂质和秕粒漂出，把洗净后的种子用纱布滤去水分，将种子摊放在干燥通风地方阴干，切忌在阳光下暴晒，以免降低种子的生活力。晾干后将结块的种子揉散，然后装入布袋内，挂在通风、干燥、无鼠害的地方待用。

（二）种子处理

由于其生物学习性，成熟的种子有休眠期。处在休眠期的种子，即使温度、水分、空气等条件都已具备，种子也不会发芽。为了生产的需要，必须创造适宜的外界条件，让种子度过休眠期，提高种子的发芽率和发芽整齐度。采取措施打破休眠期，可使种子提前发芽，并使幼苗出土整齐，生长健壮。现介绍几种种子处理的方法。

1. 沙藏

沙藏处理或叫做种子层积处理，是将种子用温水（2份开水对1份凉水）浸泡1～2天后捞出，然后用种子量5～10倍的干净细沙与种子拌匀，沙的湿度以手握细砂成团，不滴水，松手沙团散开为宜，沙的含水量约为20%。将混匀的种子装入底部有孔的花钵或木箱等容器中，容器的底部和周围都垫放一层3～5厘米的湿沙，其上层也盖一层厚3～5厘米的湿沙。将容器放在地势较高、不渍水的通风阴凉处，用塑料布盖上，以防雨雪水滴入，但不可盖严，以免通气不良引起种子霉烂，每隔15天左右检查1次湿度，并上下翻动，使种子的温度和湿度均匀，种子萌动整齐。

沙藏的种子除满足其低温、湿度和通气条件外，贮藏的时间也很重要。沙藏的天数一般以40～60天为好。华中农业大学园艺系进行的沙藏为32天，发芽率达69.2%，而未经沙藏处理的种子发芽率为0，沙藏10天的种子发芽率仅为9.5%。河南洛阳地区果品公司，沙藏种子40～60天，发芽率为70.9%～78.3%，而未经沙藏的种子发芽率仅为27.8%。

2. 变温处理

（1）沙藏变温法：浙江省农业科学院园艺研究所将种子层积在5℃的低温条件下，层积6周，然后在10℃和20℃条件下定时变温处理3周，种子萌发率提高到40%。12月份至翌年2月份将种子置于露天条件下，利用昼夜温差变化处理，经55～86天，种子萌发率达82%～99.4%。中国科学院武汉植物研究所，将沙藏层积的杂交种子置于不加温的玻璃温室中，利用太阳能的昼夜温差，使种子起到变温处理的作用，仅半个月的时间，种子萌发率达90%以上。沙藏处理种子时要随时检查，在胚根的长度不超过1毫米时，为最适播种时期。

（2）层积变温法：新西兰是采用低温3周（4℃），然后再变温处理20天（高温为20℃，处理8小时；低温为4℃处理16

小时），对种子进行变温处理。中国科学院北京植物园，将海沃德种子放在6℃冰箱中保存12天，保持种子湿润。然后在(24±1)℃，并以22 000勒光照16小时，随后在6℃黑暗条件下处理8小时，共进行8天变温处理。这样处理后，种子的发芽率达96%，而仅用层积处理的发芽率为51%，未处理的种子在培养室中25天萌芽率只有12%。

3. 赤霉素处理

新西兰研究人员在播种前用每升2.5～5克浓度的赤霉素浸润种子24小时，对层积过的种子或未层积的种子都能提高其萌芽率。中国科学院北京植物园将种子层积12天后用500毫克/千克的赤霉素处理，其萌芽率为71.5%，赤霉素作为一种植物生长调节剂，用于处理种子，可以打破种子休眠，提高种子的萌发率。

三、整地、播种

（一）整地

因猕猴桃种子小，形如芝麻，所以在播种前要注意精细整地。一般在秋、冬季节，将苗圃地深翻一遍，以保持土壤湿度，疏松土壤及消灭土壤中的一部分病菌和害虫，施足腐熟的有机肥(猪粪肥、鸡栏肥、厩肥等)，每亩40～50担（1担≈50千克），过磷酸钙100千克和杀虫剂。播种前再深翻，耙平，打碎土块，捡净杂物，然后做畦。一般在多雨及平原地区的苗圃，宜做高畦，以利排水，灌水后也不易板结。在少雨地区或土壤透气性好，保水性差的地方，可做平畦，以利保水。苗床的宽度一般为80～100厘米，长度依供水能力及管理方便而定。同时，开好厢沟和围沟，厢沟深宽各25～30厘米，以利排灌。为了使苗木受光均匀和便于遮阴，畦的方向以东西为宜，在坡地上做畦，畦的长边应与等高线平行。

（二）土壤消毒

在播种前必须进行土壤消毒，常用的消毒剂为福尔马林。一般每平方米用福尔马林 50 毫升，加水 6～12 升稀释，播种前 10～15 天喷洒在苗床上，再用塑料薄膜覆盖严，播种前敞开薄膜，经 5 天，福尔马林挥发散尽后就可以播种了；也可用多菌灵或敌克松农药等，每亩苗床用 500 克，拌细土垫畦或覆盖种子；再用 10% 的克线丹防治根结线虫病，每亩苗床用 3～5 千克。

（三）播种

猕猴桃播种期依地区气候不同有早有晚，多数地区以春播为主，我国的中部、南部地区约在 3 月中下旬播种，北部地区播种稍晚。一般日均气温达到 11.9℃左右时播种较为适宜。苗床播种多采用简易薄膜拱棚和露地播种两种方式。

为了提早移栽，提早嫁接，使当年育苗，当年可出圃，可利用温室或塑料大棚提前播种。湖北省农业科学院果茶研究所利用简易塑料拱棚育苗，将播种期提前到 11 月份以前，4 月 10 日前移栽完毕，即在高温季节到来之前移栽结束，可提高幼苗的成活率（表 3－1）。

表 3－1　温室内不同播种期对种子出苗率及移栽时间的影响

播种时间（月-日）	出苗时间（月-日）	出苗率（%）	移栽时间
11-20	1-19	58.67	3 月 20 日至 4 月 10 日
12-25	3-30	52.51	4 月 1 日至 4 月 20 日
1-15	4-05	62.55	4 月 5 日至 4 月 25 日
2-25	4-28	40.96	5 月 1 日至 5 月 20 日
3-19	5-15	20.15	5 月 15 日至 6 月 5 日
4-23	5-25	3.96	5 月 25 日至 6 月 15 日

塑料简易拱棚，高度约 180 厘米，每亩安放 5 个土煤炉增温，保持棚温不低于 1℃，使出土幼苗安全越冬，每天中午可适当敞开棚门，排出二氧化碳，以防幼苗中毒。

在播种前先开行距为 10 厘米、深 3～5 毫米的播种沟。为了使播种的土壤保持湿润状态，播种前 2 天，应将苗床灌透底水，待表土不粘锹时再行播种。因土壤下层含有充足的水分，有比较稳定的湿度、温度，不致于因温度和湿度的波动，而损害种子的发芽率。播种时把沙藏的种子带沙均匀地播种在沟中，播种量为每平方米 3 克（3 000粒左右），播后用细孔筛筛一层细肥土盖种子，厚度 2 ~ 3 毫米，以不见种子为宜。上面覆盖一层松针、稻草，以保持湿度，也可避免浇水时冲动种子。除条播外还可采用撒播。播种完毕后用地膜覆盖苗床，以保持土壤的温度、湿度。

四、苗圃管理

（一）浇水

猕猴桃种子播种浅，易受外界环境影响，使土壤温度、湿度不稳定，而影响出苗。为了使种子出苗快，幼苗生长整齐，必须保持苗畦的湿润。在晴天要经常喷水，将水均匀喷洒在覆盖物上，使水慢慢渗入，以防冲出种子或把土壤冲板结，有地膜覆盖的苗畦，酌情减少喷水的次数。当播入的种子中约有 20% 出苗时，可逐渐揭去部分覆盖物，出苗达 50% 时，揭去全部覆盖物。刚出土的幼苗纤弱细嫩，为防止倒伏和被埋在土里，喷水的水滴要小。高畦育苗，可用沟灌，使水慢慢渗到畦中。平畦灌水时，水流要缓慢。雨天要注意排水。

（二）间苗和移苗

一般苗床中的幼苗都较密，如不及时间苗，会使幼苗生长细弱且相互缠绕，影响幼苗加粗生长。当幼苗长出 3 ~ 5 片真叶时，应进行间苗，间下的小苗可以移栽。经移栽的苗根系发达，生长旺盛，定植时成活率较高。间苗前 2 ~ 4 天需灌透水。为了提高移栽苗的成活率，在移苗前 10 天左右，在阴天时可揭开拱棚炼苗。移苗应在傍晚和阴天进行，边起苗边栽植，边浇水边遮阴，栽后及时灌水。移栽的株距以 2 ~ 3 厘米为宜，移栽后的苗床在行间可覆盖一层锯木屑、稻壳、松针等材料，在早春可保温，在高温干旱的夏、秋季又可降温保湿，能提高育苗效率。间苗后留在苗床的实生苗，让其生长到直径0.5厘米以上时，在苗床上进行嫁接。

（三）遮阴

猕猴桃幼苗期切忌阳光暴晒，在揭开覆盖物后，应立即搭棚遮阴，白天、晴天盖棚，夜晚、阴天、小雨天揭棚。大雨天盖棚时最好在遮阴棚上加盖一层塑料薄膜。

（四）追肥

追肥可与浇水结合进行。肥料要勤施、薄施。浇肥时不要把肥料浇在叶片上，以免引起烧苗。幼苗长出真叶后，每1~2周喷施1次0.2%的尿素或复合肥。长出3片真叶后，可施1次腐熟的稀薄人粪尿。幼苗发生缺铁黄叶病时，可喷洒0.3%~0.5%的硫酸亚铁水溶液，或在50千克粪水中加500~1 000克硫酸亚铁，拌匀后施到苗畦上。

（五）中耕除草

要控制苗圃中杂草生长，小草及时拔除。覆盖地膜既可控制杂草生长，又能保持土壤湿度，改善土壤理化性状。若使用除草剂除草，会有残毒遗留，时间可达1年之久，对果树有不良影响，轻沙壤土上的果园受害更重，应予注意。灌水会使土壤板结，灌水后要适时中耕松土，以增强土壤的保水能力和通气性。中耕除草时不要伤根伤苗。在天气炎热的地区，如武汉，在夏季高温、干旱时，停止中耕除草为好，以利于保湿、降温。

（六）及时打顶摘心

为了使养分能集中用在猕猴桃苗木的加粗生长上，提高当年能嫁接苗数，在苗高30~40厘米时应予摘心，并进行多次摘心，及时抹掉苗木基部的萌芽和侧枝，只留1个直立粗壮的主干，剪去缠绕弯曲枝。

（七）苗木病虫害防治

猕猴桃苗期病虫害较少，现将主要的病虫害及防治方法介绍如下。

1. 立枯病

在高温高湿的季节，特别是幼苗过密，或周围环境荫蔽、不透风的苗床易发此病。发病株根与茎交界处（根颈）出现水渍状腐烂，病部颜色由浅绿变灰白，然后由褐色变为黑色，基部叶片干缩或脱落，最后全株死亡。

防治方法：在发病前喷等量式波尔多液（石灰与硫酸铜的比例为1：1)，发现病株立即拔除，在畦面上撒施1%的硫酸亚铁或草木灰，防治效果较好。

2. 地老虎

幼虫在夜间啃食嫩叶，咬断幼苗。

防治方法：每天早晨检查，发现倒苗时，扒开根附近的表土，人工捕杀；用鲜草或菜叶拌1%的敌百虫液，制成毒饵，在傍晚撒在畦面上，进行诱杀。

3. 蝼蛄

幼苗3~4片真叶时最易受害，幼苗从嫩茎部位被咬断，易造成严重缺株。

防治方法：毒饵诱杀，用60%乐果或90%晶体敌百虫与麦麸、豆饼、玉米碎渣（炒香）制成毒饵，以饵料100份、水10份、药1份拌匀，于傍晚撒在地面上。用灯光诱杀，蝼蛄有趋光性，可大面积设置诱蛾灯，在夜间进行诱杀。

4. 蛴螬

该虫为金龟子的幼虫，常在4~5月间咬食幼嫩茎、幼根，使全株死亡。

防治方法：人工掘杀，或用诱杀蝼蛄的毒饵埋于根系附近，毒杀蛴螬。

第二节　猕猴桃的嫁接育苗

一、嫁接方法

猕猴桃的枝芽组织形态有别于其他果树，主要表现为：①芽座大，芽垫厚，芽接较困难，砧穗结合不易紧密。②枝条髓部大，空心，枝茎纤维多，切削面不光滑，砧穗结合面积小，常影响愈合。③枝条维管束大，组织疏松，伤流严重，切口易失水干枯。针对上述特点，经多年的试验探索，效果较好的嫁接方法有单芽枝腹接、嵌芽接、切接和根接等。

（一）切接

此方法适于春季嫁接。砧穗均要求老熟、充实、粗壮。接后将接穗、砧木接口用薄膜包缠严密或用接蜡封住，以防止蒸发失水，影响成活率。具体操作是先备好接穗。接穗长度约为 6 厘米，具有两个以上的芽。将接穗基部削成一长一短两个斜削面。长斜面长 3 厘米，短面长 1 厘米，削面一定要平滑。再将砧木嫁接部位，选平滑处截去上端，削平截面。在砧茎平滑的一侧，于截面的 1/5 ~1/4 处垂直向下纵切一刀，切口长度与接穗长斜面相同。将削好的接穗插入砧木的切口中，紧靠一侧，使砧、穗的形成层对齐密接，用塑料薄膜条包扎绑紧（图 3 –1）。

（二）单芽枝腹接

这种方法适合春、夏、秋三季应用，也是各猕猴桃产区应用最广泛的一种方法。砧、穗要求同上。其具体操作方法是先在接穗上选取一个芽，从芽的背面（如芽体的背面呈拱形，可选择侧面）的光滑处，削 3 ~4 厘米长，深度以刚露木质部为宜，在削口对应面的下端呈 50°左右削成短斜面，上端距芽约 1. 5 厘米平剪，接穗长 3 ~3. 5 厘米。砧木切口距地面 10 ~15 厘米，选一平滑面，从上而下切削，亦以刚露木质部为度，削面略长于接穗（约 4 厘米），将砧木削口外皮切去 2/3，然后插入接穗，使砧、穗两者形成层对齐，用塑料薄膜带扎紧，留芽在外（图 3-2）。

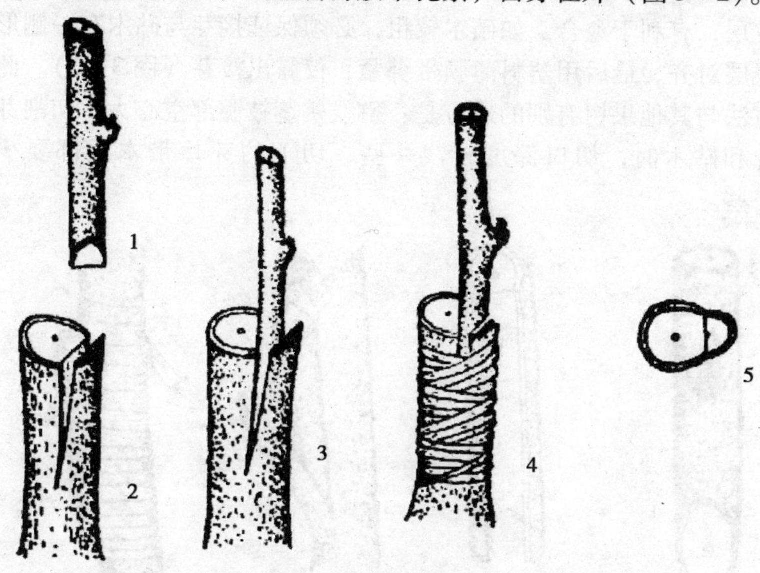

1. 接穗；2. 砧木切口状；3 砧穗插台状；4. 砧穗切接后扎缚状；
5. 砧穗结合后的横截面

图 3-1　切接法示意图

（三）嵌芽接

又称为带木质部芽接、芽片腹接。此方法适用于猕猴桃生长旺盛的夏、秋季节嫁接。此嫁接方法在其他果树上应用较普遍。具体操作方法是：①削砧木。在已选好的砧木苗距地面 3～5 厘米处向下斜削一刀，由浅入深，达木质部 1/4 处，第二刀在前一刀刀口以下 1.5 厘米处，与砧木呈 35°角，削到第一刀底部，取下带木质部的切片，使砧木上留下一个 2 厘米长短的嵌槽。②取接芽。在接芽上方 1 厘米处，下刀斜削，由浅入深达木质部 1/4 处，再由芽下 0.5 厘米处 35°斜切，到第一刀刀口之底部。然后取下带木质部的芽片（全长 1.5～2 厘米，略小于砧木上的嵌槽）。③嵌芽片绑缚。将从接穗上切下来的薄芽片，嵌入砧木上的嵌槽，使接芽与砧木的形成层对齐，上端微微露出一线砧木的皮层，有利于愈合。如砧木较粗，必须保证接芽与砧木有一侧形成层对齐，最后用塑料薄膜带绑紧，仅露出接芽（图3-3）。此方法与其他果树有别的地方是：猕猴桃茎枝髓部空心大，切削芽片和砧木时，切口深度较浅一些，切下的芽片带木质部要少一些。

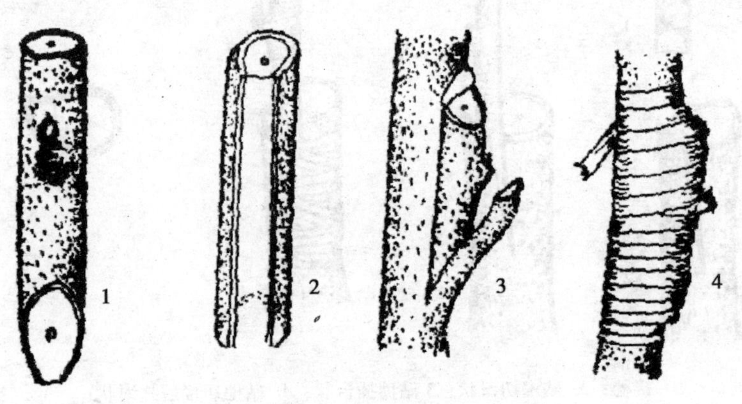

1. 单芽接穗（正面）；2. 单芽接穗（背面）；
3. 砧穗结合状；4. 砧穗结合后扎缚状

图3-2　单芽枝腹接法

（四）根接

冬季结合果园深耕翻土，把挖取的直径1～3厘米的粗根（根上要多带须根系），剪成10厘米长左右，埋藏在湿润而又干净的河沙中备用。嫁接时选用优良品种的接穗，嫁接方法可用切接法、劈接法，亦要把接穗和砧木的形成层对准贴紧，用薄膜带或麻绳捆紧扎牢，然后斜向埋入苗床上，上部芽子露出地面。

根接法的前期管理要精细，经常保持移栽苗床土壤湿润，最好在苗床上覆盖一层松针或落羽杉的落叶，待芽萌发、抽枝、展叶后，再将覆盖材料清除。

无论采取哪种嫁接方法，接好的苗木都应及时地移栽到苗圃地里，以便集中管理并提高成活率。一般整成宽约 1.2 米的畦面，每畦移栽四排苗木。

另介绍一下猕猴桃嫁接时常用的保护剂——接蜡的制作方法。接蜡分固态与液态两种：①固态接蜡，用松香 4 份，蜂蜡 2 份，猪油 1 份（亦可采用4：1：1 或3：1：2 的配比），先将松香熔化，然后加猪油和蜂蜡，搅拌即成。用时需要先加热熔化。②液态接蜡，用松香 16 份，猪油 2 份，酒精 6 份，松节油 1 份。先将松香与猪油同时加热，搅拌熔化，然后离火冷却，再徐徐加入酒精与松节油，搅拌均匀即成，装入瓶内备用。

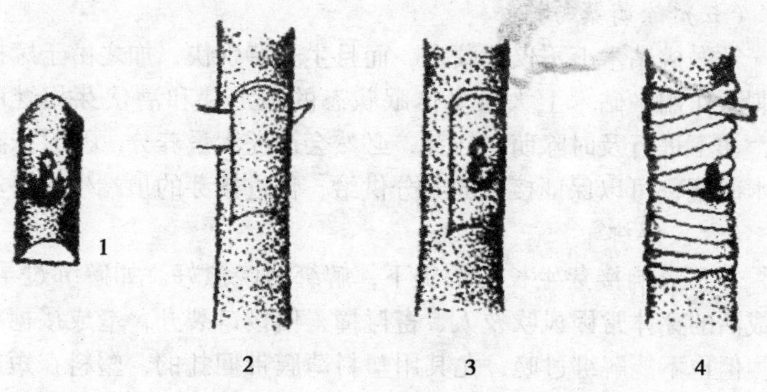

1. 芽片；2. 削砧木；3. 芽片接于砧木上；4. 砧穗结合后扎缚状

图 3－3　嵌芽接示意图

二、嫁接苗的管理

（一）检查成活率

春季嫁接后经 15 天左右，夏、秋嫁接后 7～10 天，即应检查接穗的成活情况。凡接芽新鲜，叶柄一触即落，证明叶柄与接穗已形成了离层，表明接穗已经成活。

（二）补接

在检查过程中如发现尚有未成活的嫁接苗，应及时补接。

（三）剪砧

春季采用单芽枝腹接等方法的嫁接苗成活后，应立即剪砧（注意应在树液伤流期之前进行，否则因树液流动，损失大量养分和水分，影响成活率和生长势），剪口离接芽3～4厘米即可。

（四）折砧

夏、秋季接芽成活后，可先折砧后再剪砧，否则上面没有叶片制造养分，根系处于“饥饿”状态会自行枯死。最好分两次剪砧，第一次在接芽上保留4～5片老叶，待接芽萌发展叶后，再在接芽上方4厘米左右处剪砧。

（五）除萌蘖与抹芽

猕猴桃砧木上不仅萌蘖多，而且生长特别快，加之由于嫁接的刺激作用，砧木上大量呈休眠状态的不定芽和潜伏芽相继萌发，如不进行及时除萌与抹芽，必然会消耗大量养分。及时抹除砧木萌蘖，可以保证接芽的养分供给，促进接芽的顶端生长势。

（六）解绑

在不影响接芽生长的前提下，解绑愈晚愈好。如解绑过早，已成活的芽体常因风吹及人、畜碰撞，使接口裂开，造成接穗枯死。但也不能解绑过晚，尤其用塑料薄膜带捆扎的，塑料在短期内不会自然老化而断开，因而在砧木与接芽愈合之后，抽发新梢快速生长和接口处的迅速增粗，薄膜带常常陷入皮层内，使嫁接部形成较大的肿包，又称为缢痕（呈现枝梢粗、砧木细的现象）。继而隔离了砧木与接穗皮层和韧皮部组织，使接穗新梢叶片制造的养分向根部运输受阻，引起根系“饥饿”导致全株枯死。因此，解绑时间应在新梢开始木质化时进行，并且要解除干净。许多发展猕猴桃的新区，定植当年的苗木生长一段时间后出现自行枯死现象，这常常与嫁接苗未解绑或解绑不彻底有一定关系。

（七）立支柱

猕猴桃接芽抽发的新梢木质化程度低，极易被风吹折。因此，当接芽抽梢生长到一定高度时，需用竹竿或木棍插在接芽附近的土壤中作支柱，并将新梢直立向上绑缚在支柱上，绑缚时使用“∞”字形活结。注意不让新梢缠绕向上生长。

（八）摘心

当幼苗生长到50～60厘米时，应及时摘心，以促进组织充实和枝干加粗生长。

（九）追肥灌水

猕猴桃嫁接苗生长期特别怕旱，尤其在夏季高温干旱季节更易受旱害。因此，要适时、适量地进行浇灌。注意喷浇的水滴不能太大，而且要均匀喷洒。由于嫁接苗快速地加长生长和加粗生长，对肥水的需求量较多，要适时进行追肥。追肥要勤施薄施，最好每月施1次稀薄腐熟的人粪尿，或者每亩苗圃追施尿素5～7千克，加施一些磷、钾肥，以提高苗木枝梢组织的充实度。

（十）排渍

猕猴桃苗木还特别怕渍，应及时做好排水工作。武汉地区尤其应注意春夏之交梅雨季节苗圃的排水。

（十一）中耕除草

嫁接苗生长季节也是各种杂草旺盛生长的时期，杂草与苗木争夺水分、养分和生长空间，因此要适时中耕除草，保持圃内土壤疏松、无杂草。

（十二）防治病虫害

苗期害虫有蛴螬、蝼蛄、金龟子、蚜虫、叶蝉等；病害有根腐病、立枯病、颈腐病、根结线虫病等。应采用农业防治与生物防治、药剂防治相结合的措施，把病虫为害控制在植保允许的范围内。

在有条件的地方可应用“三当”快速育苗技术（即当年播种育实生苗，当年嫁接，当年出圃），缩短苗木的繁育时间，更有利于加快新品种的推广及应用。

三、苗木出圃

（一）出圃规格

苗木出圃是猕猴桃育苗的最后一个主要环节。苗木必须品种纯，质量好。其质量的优劣直接影响到定植后的成活率、生长势和投产的早晚。目前，我国尚未制定出一套猕猴桃苗木出圃的国家标准。现将新西兰和陕西省猕猴桃苗木分级标准简介如下，供生产单位参考。

1. 新西兰苗木分级标准

甲级：主干离地面5厘米处或第一分枝处径粗在1厘米以上，并有两个以上分枝，5个以上饱满芽。根部具有3个以上的骨干根，侧须根长度在20厘米左右。

乙级：主干高5厘米处径粗为0.6～1厘米，其余同甲级。根部具有两个以上的骨干根，侧须根长度达15厘米左右。

丙级：主干粗0.4～0.6厘米，有或无分枝，具有3个以上饱满芽。根部具有两个以上的骨干根和中等数量的侧须根。

等外：主干粗0.4厘米以下，无分枝，饱满芽2～3个。根部仅有骨干根而极少有侧须根。此种苗木一般不宜出圃定植。

2. 陕西省猕猴桃苗木分级标准

品种应纯正，接穗应来自经过检疫的无病虫害、生长健壮、果品优良的母株。具体分级法见表3－2。

表3－2 陕西省猕猴桃苗木分级标准

项目	一级	二级
主、侧根数	4根	3根
主、侧根长度	30厘米以上	30厘米以上
主、侧根粗度	0.5厘米以上	0.4厘米以上
副侧根根数	6根	4根
副侧根长度	15厘米以上	15厘米以上
副侧根粗度	0.3厘米以上	0.2厘米以上
主干高度	1米以上	80厘米以上
结合部粗度	0.9厘米以上	0.8厘米以上
结合处愈合情况	完全愈合	愈合、砧剪口2/3愈合

（二）出圃前的准备工作

出圃前对苗木进行全面检查，统计成活率，出圃数量，核对品种图，每一块苗圃地里应插上品种标签，以防止起苗时品种混杂。在起苗前，还须剪除管理过程中遗漏的绑缚物，做好苗木的检疫工作，防止传播病虫害。要按规定申请种苗生产许可证、苗木质量合格证、植物检疫证后，才能出售种苗。

（三）起苗

猕猴桃起苗常在落叶后进行，武汉地区多在 11 月下旬至 12 月上旬起苗。在起苗前还应注意以下几点：若苗圃的土壤过于干燥，应充分灌水，以免挖苗时损伤过多须根，但灌水后，须待土壤稍干、稍疏松后方可挖苗。起苗时，应先从两侧切断过长的根系，尽量避免损伤须根。边起苗边按出圃规格进行分级，并对地上部和根部适当进行修剪整理（凡枯枝和病虫枝、根都应剪去），再以 50 株 1 捆进行捆绑，并挂上写明品种和等级的标签（最好每捆挂两个标签，以免标签丢失后混淆品种），以便于包装运输和临时假植。

（四）假植苗木

挖出后，如果来不及定植，应进行假植。选避风、阴凉、排水良好的地块，挖宽 1 米、深 60 厘米、东西延长的假植沟。苗木分品种、级别，成排密集假植在沟中，苗梢向南倾斜 45°放一层苗木，填一层疏松湿润的细土，并略加振动，使土与根系密接，随后灌水，最后埋土达苗高的 1/2。可在宽敞的室内成捆用湿润的河沙进行假植。应注意根系不能外露并保持河沙干湿适宜，切忌忽干忽湿。

（五）包装运输

苗木经检疫消毒后，如需外运，应立即包装。包装材料可就地取材，一般以质轻、坚韧并能吸水保湿、不易迅速发热生霉的材料为好。猕猴桃产区通常用稻草、蒲包、草袋、草绳以及填塞根际的湿润苔藓、锯木屑等。每一捆待出售的苗木挂上标签，并注明品种、等级、株数、产地及单位、包装日期等。装车时不要踩踏苗木枝茎和根系，以免损伤芽和根系。运输途中不要重压，防止暴晒、风干及冷冻。长距离运输途中还应注意浇水保湿，重点保持根部湿润。

第三节　猕猴桃的扦插育苗

一、扦插前的准备

1. 插条的选择

插条应选生长健壮、无病虫、腋芽饱满的当年生枝条。

2. 贮藏

通常于秋季落叶后剪取枝条，截成长约30厘米，切口削平，每50~100根捆成1束，贮于木箱或露地阴凉处，底层和捆间用木屑、青苔或河沙间隔。贮藏期间温度应低于8℃，保持适当的湿度，使插条保持新鲜状态。注意，贮藏插条的地方排水要好，防止积水引起插条霉烂。插条贮存处干燥时，要适量浇水。

3. 包装、运输

插条需远距离运输时，捆成束后，两端切口应使用蜡封口，再以青苔、木屑等湿润材料填充，用塑料薄膜包裹，以防干燥。嫩枝插穗不宜长途运输，应就地取材进行扦插。

4. 自动喷雾装置

有条件的地方，用自动喷雾系统，生根效果更好。在喷雾用的水管上面每隔1米装1个喷头，喷头有效喷雾范围为0.5米。插床上共设4条水管。喷水管通过干管、总管与自来水管相连。干管管径3厘米。每根喷水管与干管的连接处均有开关，以控制水压。控制部分由电子叶（感应片）、继电器和电磁阀组成。由电子叶对干湿度的反应通过继电器控制电磁阀的开闭，进而实现自动间歇喷雾。

二、扦插方法

猕猴桃扦插大多采用枝插法和根插法。

（一）枝插

1. 嫩枝扦插法（绿枝扦插法）

此法是用当年生半木质化枝条进行扦插。在武汉地区，扦插时间一般在5月中旬至6月中旬。北京地区在6月中旬至7月中旬。

（1）插床准备　插床一般宜建在避风、阴凉的地块，使其不受干风吹袭和强光照射，以保持温度和湿度的相对稳定，并有一定的光照。插床宽1米左右，高15~20厘米，长度依地势而定。挖好排水沟，使排水畅通。插床底部垫一层煤渣等不渍水的材料，上铺20~30厘米厚的细黄沙。细沙要过筛洗净，除去泥草异物，土壤用五氯硝基苯按每亩床面1千克的量，或用1∶400倍福尔马林进行消毒。施药后用塑料薄膜覆盖床面，密闭4~5天，敞开2天后即可扦插。

（2）剪切插穗　须在早晨露水未干前剪切插穗，剪好的枝条应置于阴凉、避风场地或室内。叶面喷水，盖上湿布保湿。剪切插穗应使用快剪，把切口剪齐整、平滑。插条粗度以直径0.4~0.8厘米为好，太小易枯死，太粗（1.3厘米以上）虽然能形成发达的愈伤组织，但发根能力差。长度为10~15厘米，有2~3个节，上切口离芽约2厘米，下切口在节下平剪或斜剪，留半叶或1叶。弯曲破损枝条应舍弃。上切口涂白乳胶，下切口用200毫克/千克吲哚丁酸溶液浸泡3~4个小时，或5 000毫克/千克的吲哚乙酸溶液蘸浸2秒钟，效果更好。

（3）扦插方法　当插床及插穗准备好后，将床面整平，按株行距3厘米×7厘米画线，然后用木棍打孔，插条入土深度为穗长的2/3，密度以插下后插条叶片不相互遮盖为准。插好后，浇足水，使土壤与插条紧贴。床面上用竹子或钢筋搭成小拱棚架，盖上塑料薄膜，其上再覆盖草帘，防止插条受暴晒，每天浇水1~2次。中午高温时可行叶面喷雾和在插床周围喷水。若能采用自动喷雾，则效果更好。

嫩枝扦插，温度应保持在25℃左右，切忌30℃以上的高温。空气相对湿度以90%左右为宜，保持床面干净，并要有一定的光照条件。

2. 硬枝扦插法

硬枝扦插是利用1年生已木质化的枝条作插条。因其组织已老化，较难生根，1980年前，国内外高扦插成活率只有60%~66.6%。中国科学院武汉植物研究所经多次试验，最佳组合扦插成活率达到81.8%（表3-3）。

中华猕猴桃硬枝扦插，若采用常规扦插技术，则效果不佳。针对猕猴桃硬枝的特点，采取以下措施，可提高生根率与成活率。

（1）选择适宜的季节　硬枝扦插时期，宜在早春进行。在武汉地区以1月底至2月上旬最好。因这时气温逐渐升高，而地温仍然很低，插条未萌发抽梢。在加底温的条件下，有利于切口愈合和生根。扦插后15~35天，插条切口相继形成愈伤组织，25~40天陆续生根，60天左右，大部分插条均已生根。

（2）使用高浓度生长素类生长调节剂，快速处理中华猕猴桃插条，如按一般树种扦插那样，使用低浓度生长素类生长调节剂长时间浸泡处理，插条的内含物会从下切口大量流出来，造成髓空，营养物质损失较多，影响生根。采用高浓度（5 000毫克/千克）短时间（3~5秒）处理，能提高其生根成活率。

（3）切口涂胶　上切口涂上木工用的白乳胶，能减少插条水分蒸发和避免水分流入髓部。

（4）调节好插壤的湿度　插壤湿度适当与否，是决定硬枝扦插成活率高低的关键。扦插前期，气温低，插条尚未展叶，耗水量少，插壤供水量要相应减少。晴天每隔 2～3 天浇 1 次透水，保持沙面不发白。插壤湿度偏干或偏湿，都会造成新梢枯萎，失去生根能力。插床湿度适宜时，插条切口呈浸润状态，既不发白变干，又不渍水粘沙。露地扦插时，要防止过多的雨水落在插床

表 3－3　不同生长调节剂、浓度和浸蘸时间对中华猕猴桃硬枝扦插生根的影响

生长调节剂用法			生根成活率（%）	插条生根情况		
生长调节剂	浓度（毫克/千克）	处理时间		平均根数（数/株）	最多根数（数/株）	平均根长（厘米）
吲哚丁酸（IBA）	5 000	1 秒	68.4	12	31	1.3
		3 秒	66.5	10	13	0.3
		5 秒	81.8	22	49	1.4
	500	2 小时	68.4	—	—	—
		4 小时	57.9	9	14	0.8
		8 小时	61.1	14	33	0.4
		对照	0	—	—	—
萘乙酸（NAA）	5 000	1 秒	52.6	6	10	0.7
		3 秒	20.0	3	6	0.3
		5 秒	8.0	11	17	1.0
	500	2 小时	40.0	—	—	—
		4 小时	29.4	5.5	7	0.3
		8 小时	25.0	—	—	—
	2 000（粉剂）		7.0	1.5	2	1.0
		对照	26.3	2.5	4	0.7

（中国科学院武汉植物研究所，1980）

上，控制好插壤湿度。

（5）铺埋地热线提高插床底温　有条件的地方，可在插床底层铺埋地热线，以便更好地控制插床温度。使用地热线时，依插床的大小，选择长度合适的地热线，以一定的间距平铺在插床下（图3－4）。

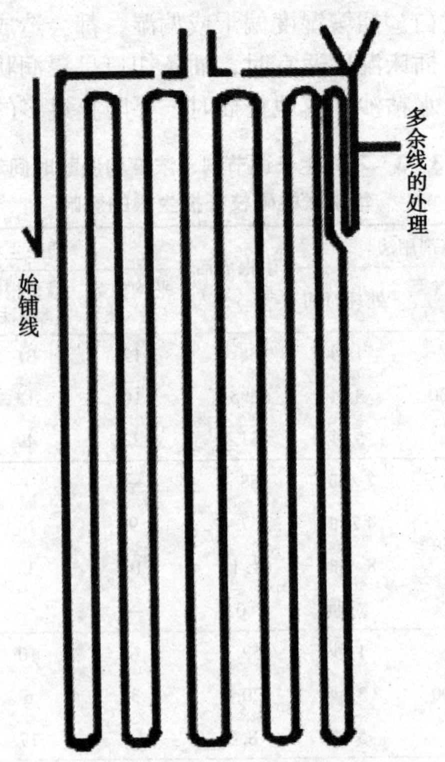

图3－4　地热线布置图

首先在插床底层铺一层厚度为12厘米的隔热材料，一般多用松针，如用稻秆等农作物秸秆作隔热材料，先要对材料进行药剂处理，以防材料中的害虫咬断线路。在隔热材料上再垫一层3厘米厚的床土，然后在床土上布地热线。地热线在插床边上要布密些，中间要布稀一些，一般在插床中间的距离为20厘米左右，边上10厘米左右。地热线要用卡子固定好，以免移动重叠，引起过热断路（图3－5）。地热线不宜剪断、不宜露出地面、不宜绕成团。地热线布好后，在其上铺12厘米厚的床土即可，注意不能在床上踩踏。起苗时要小心，不要铲断地热线。

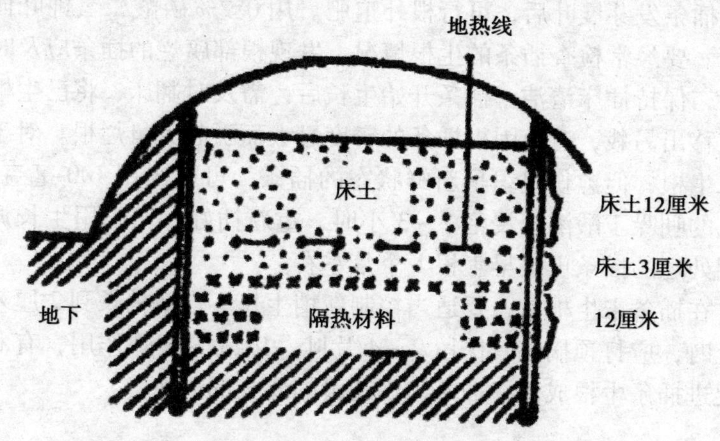

图3－5　布地热线插床纵断面

使用时可将导电温度表插入与插条同等深度的插床中，并配上继电器，即可达到自动控制温度的目的。

（二）根插

利用中华猕猴桃优良品种或株系的根进行扦插，可获得无性繁殖苗木，也可以利用实生苗出圃后，遗留在土壤中的根繁殖砧木苗。根插成活率高，是一种经济有效的繁殖方法。用长6～8厘米、直径大于2毫米的根作插条进行扦插，生根率高，生长良好。

根插法分平插、直插和斜插。直插的株行距为10厘米×15厘米，深度以上部切口露出地面约5毫米为宜，插好后用细沙盖平至顶部。平插的株行距约20厘米×25厘米，深度为2～3

厘米。斜插与直插相似，只是有一定的倾斜度。扦插好后插床上铺盖稻草，搭拱棚，棚上盖草帘子，露地插床要加盖塑料薄膜。根插条插好后要浇透水。插后 21 天左右根插条开始长出新根，同时地上部的切口处形成紫红色愈伤组织，并发育成许多不定芽，进而长成完整的小植株。

插条发芽展叶后，可行根外追肥。用 0.2% 磷酸二氢钾叶面喷洒。要经常检查插条的生根情况，发现根部腐烂的插条应及时剔除，保持插床清洁。插条开始生长后，需及时翻床，将已生根的苗移出另栽，避免因根插条的密度过大而引起大量烂根。对于尚未生根，但愈伤组织呈新鲜状态的插条，可取出用 100 毫克/千克的吲哚丁酸溶液浸泡 2～3 小时，重新插好，比未用生长调节剂处理的插条可提早生根 1 个月左右。

在插条未生根前，要适当控制新梢生长。当新梢长到 2 厘米以上时，应打顶摘心，保留 2～4 片叶，以减少蒸腾作用，有利于促进插条生根成活。插条出现花蕾的要全部摘除。

第四章　猕猴桃园的建设与管理技术

第一节　园地规划

猕猴桃为多年生植物，寿命很长，因此，选择和规划不妥会长期影响生产。发展生产时首先考虑适地栽培，以收到较高的经济效益。

一、园地选择

根据中华猕猴桃和美味猕猴桃原产地和分布区的环境因子，如气候、土壤等，结合其生物学特性选择园地。在气候温暖湿润，年平均温度15℃左右，最热月19～24℃，最冷月10～14℃，温度年较差7～12℃，年降水量1 200～2 000毫米，分布均匀，日照时数2 000小时以上，无霜期240天左右，土层深厚，疏松肥沃的壤土、森林土、冲积土和火山灰土的地区，都可以考虑建园。园址的海拔不宜过高，地下水位在1.2米以下。地势要求平坦，坡向以朝南、东南或东坡较好，如果没有合适的地段而必须在低位山层、丘陵、坡地建园时，最好选用缓坡，坡度为10°左右。

选择园址也必须考虑社会经济条件，离城市较近，交通方便的地方建园较好。这样，生产的商品鲜果能及时运销，购置生产管理所必需的农药、机械、肥料、果筐等物品也方便。要有一个发展规模、面积，是生产鲜果还是要兼营加工业，以便对土地利用有一个长远规划和与之相适应的资金投入和经济收益方面的预算。投入资金项目大体包括：①木材、水泥柱子、铅丝等结构材料及修理维护费；②苗木及其包装、运输费；③整地、种植费；

④除草、绑蔓、施肥、修剪、病虫防治、养蜂或必要时的防寒等的管理费用；⑤采收、贮藏或销售费；⑥防风林、树苗种植及管理费。

二、小区设计

根据地形和面积划分小区，为便于管理，小区不宜过大，一般为7～10亩，地形复杂的丘陵、坡地，面积可以适当减小，可采用长方形划分（图4－1）。图4－1表示在平原建立果园的土地规划和小区设计。猕猴桃喜光耐阴，藤蔓不能离防护林太近，否则会影响光照，如留距离过大，又会影响土地的充分利用。

三、道路和排灌系统

猕猴桃园的道路系统主要根据果园规模、运输量和运输工具确定，还要考虑到管理的机械化程度，主干道宽度一般为6～8米，支路3～4米，小路1.5～2.5米。在坡地最好开设纵横两条主干道。与梯田平行的路，应有0.1%～0.3%的比降。

按果园规划、小区的地形设置灌排系统，雨量丰富的地区，充分利用水资源。容易积水的地块，要挖好排水沟防止水涝，因为地表稍有积水，猕猴桃生长势就减弱。在坡地丘陵的灌排沟应设在道路或壕沟的内侧，干旱地区要重视蓄水、拦水，做到旱能灌，涝能排。

湖北省农业科学院果茶研究所根据该地区土壤黏重的特点，挖坑改土，深挖60～80厘米，结合施肥改良土壤，还用砖石在坑下砌成一条通气和排灌相结合的暗沟，暗沟的出水口装有水闸。由于暗沟空气流通，满足了根系对氧的要求，而能正常呼吸和吸收，即使在雨季渍水情况下也不会窒息致死。暗沟在水涝时可以排水，干旱时可以灌溉，是一种多功能的设施。在这类黏土地区，猕猴桃根系大多分布在20厘米土层，采用暗沟以后，根系可深达40～45厘米，1986年夏秋在久晴无雨、十分干旱的情况下，用暗沟灌水3次，仍保证了正常结果，这种设施值得类似地区参考。

四、附属设施

在果园内为生产需要必须规划出果棚、工具房、配药池、积肥坑等设施的用地，实用方便，也不要影响园容和污染环境。规模大的果园还应该有车库、冷库和分级包装厂等设施。

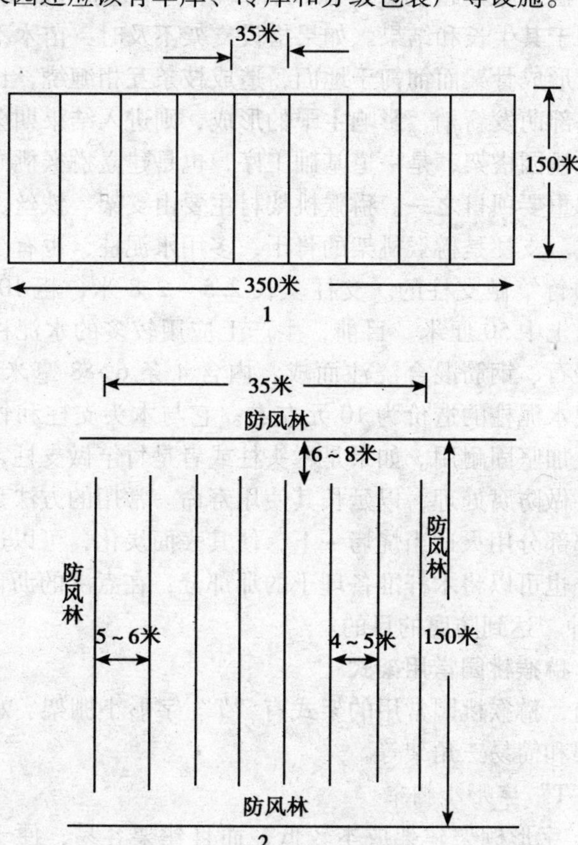

1. 土地规划；2. 小区

图4－1　小区设计示意图

第二节　支架选择与建造

猕猴桃是藤本植物，必须在种植后立即竖立坚固耐久的支架，以利于其生长和结果。如果搭设支架不及时，苗木不能直立向上生长形成骨架而匍匐于地面，造成枝条互相缠绕，长势减弱或者由基部萌发新梢，影响主干的形成，则进入结果期会大大推迟。猕猴桃园搭架，是一道基础工序，也是建立猕猴桃园需要成本投入的重要项目之一。猕猴桃架材主要由支架、铁丝、横梁和锚石组成。支柱是猕猴桃架的骨干，多用水泥柱，也有个别用圆木头柱和竹竿做支柱的。支柱全长 2.5 ~ 2.8 米，粗 10 ~ 20 厘米，埋入土中 50 厘米。目前，生产上应用较多的水泥柱，是由水泥、沙石、钢筋混合浇注而成，内含 4 条 6 ~ 8 毫米粗钢筋。一般一根水泥柱的造价为 10 元左右。它与木头支柱和竹竿支柱相比，更加坚固耐用。如果是木头柱或者是竹竿做支柱，埋入土中部分要做防腐处理，以延长其使用寿命。常用的方法是将埋入土中的那部分用火适当烧烤一下，使其表面炭化，可以达到防腐的目的，也可以将木杆准备埋土的那部分，在煮沸的沥青中浸泡 3 ~ 4 分钟，达到防腐的目的。

一、猕猴桃园常用架式

目前，猕猴桃园常用的架式有“T”字形小棚架、水平大棚架、篱架和简易三角架等。

1. “T” 字形小棚架

“T”字形棚架建架成本较低，而且建架容易；便于田间操作管理，可集约密植栽培，有效减少劳动消耗；通风透光条件好，投产较早，产量和果实品质都不低于大棚架。其缺点是：抗风能力相对较弱，果实品质虽较好但不一致。在生产实践中，改良的“T”字形小棚架，有降式架、翼式架和锚式架（图 4 – 2，图 4 – 3）。

2. 水平大棚架

可以充分利用地形的优势，架型平整，采光均匀一致，果实产量高，品质好；结构牢固，抗风能力强；果实采收方便，而且成形后可减少除草等劳动消耗。适用于平地或庭园栽培，适合生长旺盛的品种。其缺点是：成形时间较长，一般 4～5 年方可成形，投产迟；架式成形后通风条件不是很理想，生产中管理操作不很方便；建架成本较高（图 4－4）。

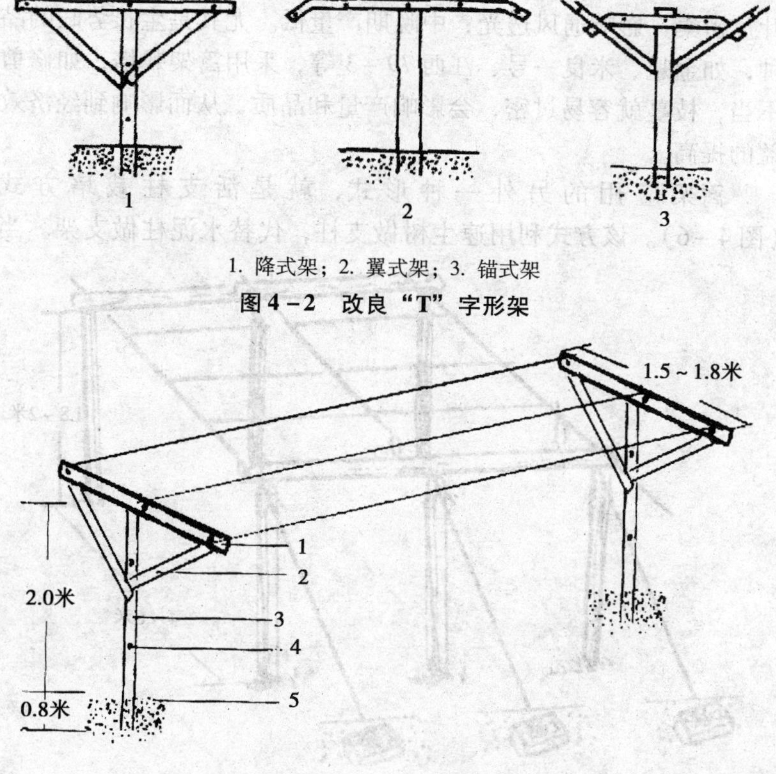

1. 降式架；2. 翼式架；3. 锚式架

图 4－2　改良“T”字形架

1. 横梁；2. 撑杆；3. 支柱；4. 铁丝孔；5. 地面

图 4－3　“T”字形架结构

3. 篱架

篱架的架面与地面垂直，形似篱壁，故称篱架（图 4 –5）。它是 20 世纪 70 ~ 80 年代国内应用较多的一种架式。按其枝蔓在架面上的分布形式及层数的不同，可分为双臂双层水平形、双臂三层水平形和多主蔓扇形等多种形式，现在生产上用得较少，只是为提高早期的产量而作为一种过渡架型来使用。其优点是：建架成本低，管理方便；适合密植，有利于早期丰产。缺点是：枝蔓生长旺，易徒长，给修剪管理造成不便，往往架面枝蔓丛生，叶片密集，影响通风透光；中晚期产量低。尤其是生长势旺的品种，如金魁、米良一号、江西 79 –3 等，采用篱架栽培，如修剪不当，枝蔓就容易过密，会影响产量和品质，从而影响到经济效益的提高。

篱架应用的另外一种形式，就是活支柱栽培方式（图 4 –6）。该方式利用速生树做支柱，代替水泥柱做支架。当

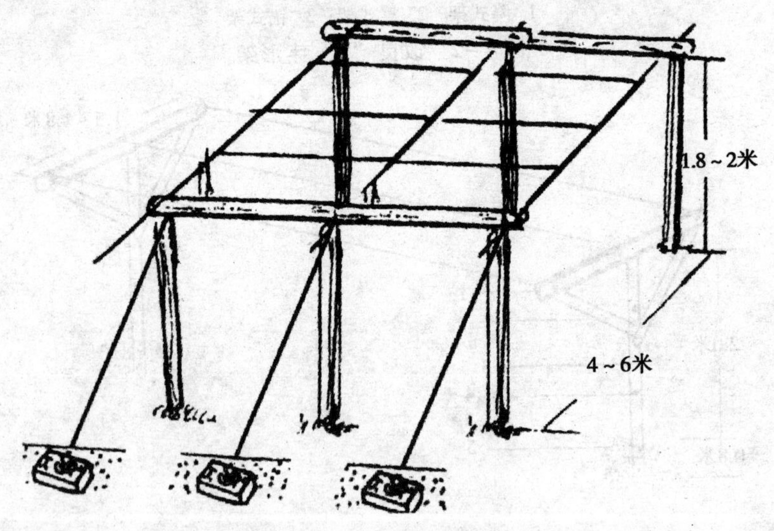

图 4 –4　水平大棚架架式

有较高的经济效益时，再改成永久性支架。该方式能节省建园时的投资，易于被广大果农所接受，有利于发展猕猴桃产业。活支柱可选用水杉和意大利杨树等。建园前应提早育苗，以3年生活支柱为宜；或者在建园时，将幼龄活支柱与猕猴桃同时定植，并用竹竿或木桩做临时支架。成形架式可采用篱架。在活支柱生长过程中，控制其根系和树冠的生长很重要。

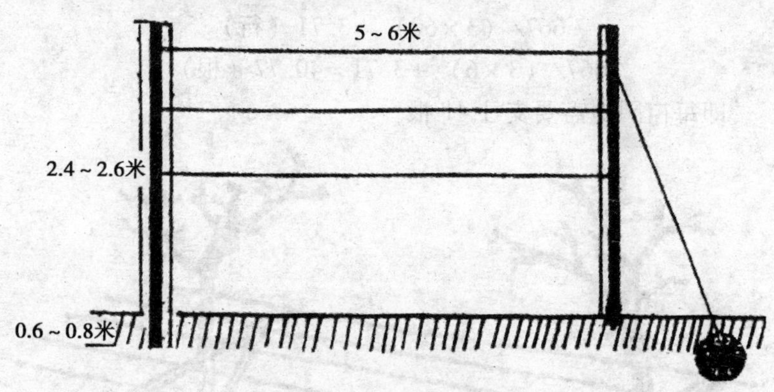

图4－5　篱架的架式

4. 简易架

为一种植株直立型的栽培架式。这种栽培架式过去曾在欧洲葡萄产区广泛使用，但由于它存在着许多树体管理上的缺点，因此目前国外在葡萄上已很少使用。在我国，一些猕猴桃产区特别是产葡萄的山区，因其就地取材，节省架材投资，故而仍采用这种架型。日前认为有推广前景的架型，有主干疏层形和圆柱形两种。其优点是：架材投资少；可密植建园，结果早，易丰产；尤其适合土层瘠薄、地形不规则的山区猕猴桃果园采用。

二、架材的需要量

架材的用量，因架式、架长、架高和柱间距的不同而不同。现以篱架的架材用量为例，其计算方法如下。

1. 支柱数量计算

其计算公式为：

行数 = 面积/(行距 × 行长)

支柱数 = [面积/(行距 × 柱距)] + 行数

例如：某猕猴桃园面积为 667 平方米（1 亩），行距 3 米，行长 60 米，柱距 6 米，那么该园所需支柱数为：

667/（3 ×60） =3. 71（行）

667/（3 ×6） +3. 71 =40. 77（根）

即每亩园地需要支柱 41 根。

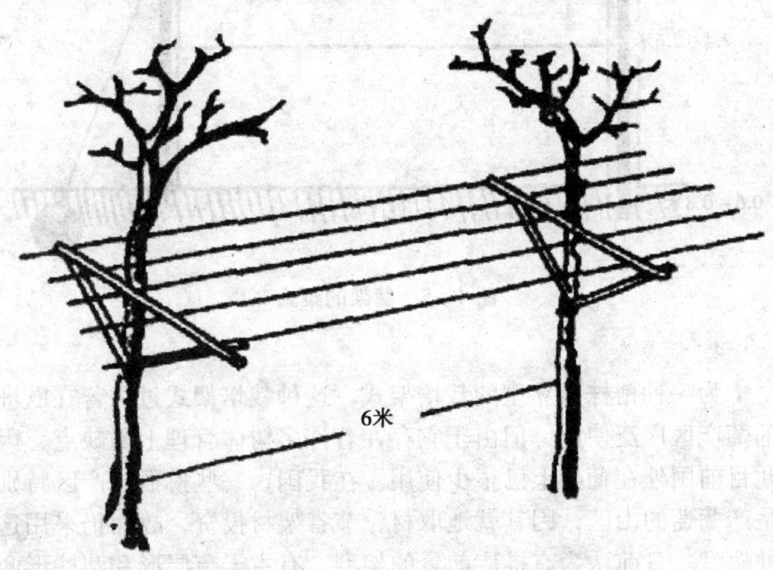

图 4 –6　活支柱架式

2. 铁丝用量计算

可通过下列公式进行计算：

铁丝总长度 = 行长 × 行数 × 每行拉铁丝道数

铁丝总重量 = 铁丝总长度 × 千克/米

例如上述猕猴桃园每行拉 4 道 8 号铁丝，每米 8 号铁丝重量约为 0.1 千克（各种铁丝规格见表 4－1），则每亩需铁丝数为：

$$60 \times 3.71 \times 4 = 890.4（米）$$

$$890.4 \times 0.1 = 89.04（千克）$$

即每亩用铁丝 89.04 千克。

表 4－1　铁丝规格一览表

型号	直径（毫米）	50 千克长度（米）
6	5.156	305
8	4.191	463
10	3.404	699
12	2.769	1 058
14	2.108	1 824
16	1.650	2 975

三、支架的设立

1. “T”字形小棚架的设立

“T”字形小棚架由立柱、横梁和铁丝组成。沿猕猴桃种植行的正中心，每隔 6 米立一个与种植行相垂直的“T”字形支架。在其横梁上牵拉 3 道或 5 道 12 号铁丝，使其中 1 道对正种植行。每排支架两端的支柱，需加长、向外斜埋、加锚石，并向外牵引，或在内侧加撑柱加固，以防铁丝拉紧后，立柱向内侧倾倒。支柱地上部分高 2.0 米左右，埋入地下部分长 0.8 米左右，横梁宽 1.5～1.8 米。

2. 水平大棚架的设立

水平大棚架，架高 1.8～2 米，每隔 4～6 米设一支柱（一般用水泥柱），呈正方形排列。支柱全长 2.4～2.6 米，入土 0.6 米深。为了提高棚架的负载能力，角柱和边柱的长为 3～3.5 米，向外倾斜埋入土中，并使用锚石向外牵引，以防向内倾倒。在支柱上牵拉粗铁丝（8 号）作为干线，棚架四周的边柱之间最好用

6 厘米 ×6 厘米角铁或钢筋连成横梁，或拉 1 道由 4～6 条 12 号铁丝拧成的缆线作为周围线，以增强坚固度。然后在横梁或周围线上，每隔 60 厘米拉 1 道铁丝（10～12 号）作为小张线，呈正方形网格状。

3. 篱架的设立

沿猕猴桃定植行，每隔 5～6 米，埋入一根长 2.4～2.6 米的支柱，埋入土中的深度为 0.6～0.8 米。每行两头的支柱承受拉力较大，必须选用较粗的支柱，而且埋入地下部分也应较深，并在内侧设立顶柱，或在外侧埋设锚石，在地上部分拉 3～4 道铁丝（10～12 号）。一般行间距离为 3～4 米。

四、合理架式的选择

架式选择要根据园址地形、经济条件和品种特性而定。在经济条件较差的地区，建园初期可采用简易架，以后逐渐改成“T”型架或水平大棚架。在平原并且经济条件较好的地区，多直接采用“T”型架或水平大棚架。低丘浅山区建园，经济条件好的，可采用“T”型架；不好的可采用篱架或简易架。从品种特性方面来看，美味猕猴桃品种生长势旺，多以中、长枝蔓结果为主，故采用“T”型架或水平架适宜。中华猕猴桃品种以中、短枝蔓结果为主，所以除选用水平架和“T”型架外，也可选用篱架和简易架。软枣猕猴桃生长势较弱，选用“T”型架、篱架或简易架均可。

第三节　猕猴桃的定植

一、整地方式

猕猴桃园的整地方式，因土壤类型和地势等条件的不同而有所区别。要根据设计好的株距和行距等条件进行整地。以漫灌方式浇水的果园，要平整土地，以防止灌水时形成“跑马水”和因地面高低不平而造成积水和干旱。山区、丘陵地，要沿等高线整平，利于灌水。地面整平后，拉出行线挖定植沟（穴）。有条件的地方，最好挖定植沟栽植，增加有机肥施用量，有利于改良土壤、雨季排水及以后的扩穴改土。对于低洼地等排水困难地，苗木定植成活后，应把地整成沿树行部分高、行间较低的形式。在中低海拔地区建园，尤其是地下水位偏高或土壤偏黏重的地区建园，一定要采取撩壕改土（深 80 厘米，宽 1 米）或全园深翻（深 50 ~70 厘米）方式整地，而不宜采用挖穴的方式。挖穴定植不利于排水，雨季容易淹水烂根死树。刚定植的树，为了浇水方便，保证苗木成活，可沿树行整成一个 50 ~60 厘米宽的平畦。待苗木成活稳定后，要改变这种整地方式，沿树行起高畦，使树行正好在高畦脊背上的中间，而行间较低。垄沟的深度视地块排水难易和当地雨量而定。排水较易而雨量较少的北方，垄沟深 25 ~30 厘米，即能满足排水要求。在排水不便和雨水多的南方，垄沟深度要增加到 40 厘米以上。在上海地区，沟深可达 50 厘米。以后随树体的迅速生长，加宽高畦，2 ~3 年后变成沿树行高凸起，行间仅有一条宽 40 ~50 厘米、深 20 ~30 厘米的沟。灌水时沿行间流水。这样的整地方式，使每次沿行间浇的水渗透到猕猴桃根部，而树根茎交界处及树盘内无积水，减少了因积水而导致的烂根和根部病害的传播。因树冠周围的水分是渗透过去的水，使树盘内表土层一直保持疏松状态，提高了土壤的透气性。在行间浇水，增加了行间土壤湿度，吸引根系向行间扩伸，扩大了根的吸收面积。这样的整地方式，还有利于雨季的排水。

二、土壤的准备

土壤是猕猴桃生长发育的基础，土壤不好，不可能获得高额产量。种植猕猴桃的土壤最好在头年秋季深翻 60 ~80 厘米，捡出石砾后平整，这样，经过冬季积雪有利于保墒，害虫卵蛹和病原菌也可以冻死。在丘陵山坡荒地建园时，由于土层薄、肥力差，更需要改良土壤，改良的方法是等高撩壕筑梯田，充分利用表土增加肥力。壕沟深 0. 6 ~0. 8 米，宽 0. 8 ~1 米，用挖出来的心土堆筑外侧梯坎，在壕沟内用表土填平栽猕猴桃（图4 -7）。

不论是平原或丘陵山地建园，都应该施用基肥，每穴可施50~100千克农家肥，磷、钾、镁化肥各0.5千克，或者加入1.5千克饼粕，如果土壤酸性大，每穴施用0.5千克石灰，以调节土壤酸碱度。

三、行株距的控制

定植行株距要根据品种生长势、土壤肥力、架式、管理的水平和机械化程度确定。总之，猕猴桃的生长势很强，但品种之间有很大的差异，土壤瘠薄，肥力差，栽植可以密一些。如果中耕除草用机械，行距要大些，棚架比篱架种植要稀，棚架的行株距为6米×4米、5米×4米等；篱架用4.8米×5.5米、5米×6米、4米×3米、3米×2米等。用3米×6米或4.5米×5米的行株距，每株藤蔓可以有18~22平方米的营养面积，每亩种植28~35株；用3米×2米、4米×2米或4米×3米的行株距，每亩可种植55~111株猕猴桃。

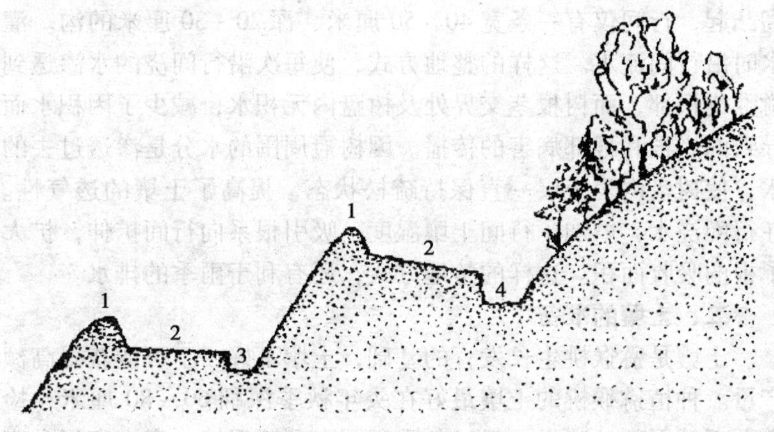

1. 心上堆的外侧梯坎；2. 表上填壕沟；3. 排灌沟；4. 拦水沟

图4 -7　填壕改土筑梯田

在日本，小园子多，人工劳动为主，行株距较密。在新西兰、意大利和美国等国，果园面积大，主要用机械管理，行株距较宽（表4－2），因为种植太密会影响操作。

行株距确定以后，就可以按照行株距测定植点，测定的方法是先在小区内，根据地边，或者沟、路的方向、位置，用直角三角形“二点连成线”的原则测定南北两个方向的垂直基线甲和垂直基线乙。在垂直基线乙上用同样方法测得垂直基线丙。在基线甲和基线丙之间，按行距测定1，2，3，4……等行，再在行距线上按株距测得交叉点，这个交叉点即为定植点，并即做上标记，插木橛子或点上石灰粉都可以。

表4－2　海沃德在不同架式下的行株距

行株距	T形棚架	平顶棚架
行距（米）	4.8～5.0	6.0
株距（米）	5.5～6.0	5.5×6.0

四、定植

定植最好在春季猕猴桃萌芽以前，无早霜危害，冬季暖和的地方，可以在初冬猕猴桃落叶以后，在11月中旬前后。

按定植点并用定植板挖定植坑，定植坑穴的大小根据苗木而定，一般用0.6～0.8米深，坑穴直径0.8～1米，挖坑时表土和心土分开放置，表土都要朝一个方向堆放，避免搞错。定植坑中要施用基肥，每坑用农家肥50～100千克，磷、钾、镁化肥各0.5千克，或者再加入1.5千克饼粕。有的国家用血粉和骨粉作基肥，每种各2千克。如果土壤酸性太大，需要每穴用0.5千克石灰以调节土壤酸碱度。

栽植前要仔细检查每株苗的根部，剪去损伤的根系，过长的根适当短截。取苗时要避免把品种和雌雄株搞错。先将部分表土与坑穴内农家肥搅匀，一人拿苗并把根系疏开，另一人先把表土填入，然后填心土，边填边踩，再把苗子向上提几下，使根系与土壤结合紧密。定植的深度，以浇水土壤下沉后，根颈与地面齐平为合适（图4－8），定植深了，土温低，生长发育不好，种浅了，藤蔓根系浅，更容易被风刮倒。

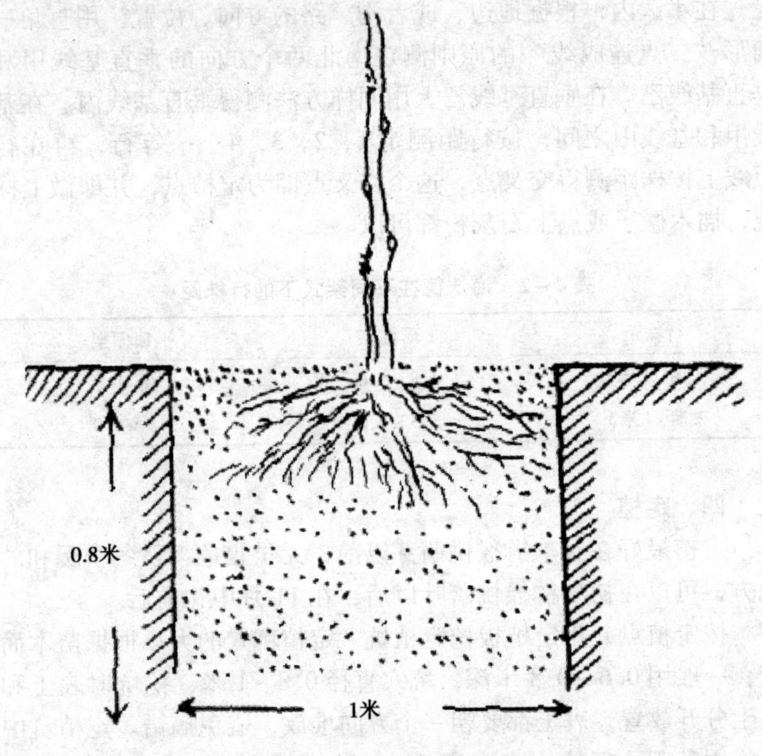

图4－8　猕猴桃定植

定植以后，在猕猴桃藤蔓的周围修好树盘（土堰），树盘直径80厘米左右，并浇1次透水，随后每隔7～10天再浇1次连续3次，浇水后随土壤半干半湿时，松土保墒，成活率几乎可达100%。

苗木定植后，在芽接或枝接的接口以上30～40厘米处剪掉接穗，有利于健旺生长。

新西兰常定植实生苗，然后高接所需要的品种。如果定植的是实生苗，则需适当保留主干上的分枝，有利于促进根系发育，一旦高接成活，则将去除全部分枝，以免争夺养分。

为了节省土地，增加苗木繁育量，有的地区在猕猴桃藤蔓幼小时，定植密度大，待树体达到成年，尤其进入结果期，将一部分藤蔓间伐作开建新园用，留下永久定植的猕猴桃藤蔓。这种做法也有利于猕猴桃开花结实后对光照的要求。

第四节　猕猴桃园的管理

一、土壤管理

（一）认识误区和存在问题

果园土壤管理，一般包括果园生草，覆盖与间作等地上管理，以及果园土、肥、水等果园地下管理。过去，许多果农在果园管理上，总是认为地面光光的，没有一根杂草最好。但是，最近国内外科学家研究发现并非如此。在果园，除了果树以外保留一定数量的其他植物是有益的。这些保留在果园中的非靶标植物，称之为覆盖植物。其主要作用是：优化土壤环境，提高土壤肥力，减少果园水分蒸发，抑制杂草生长，减少果园管理用工，提高果品的产量和质量，减少部分越冬害虫出土为害等。

（二）提高土壤管理效益的方法

1. 进行土壤改良

猕猴桃要求温暖较湿润的微酸性土壤，最怕黏重、强酸性或碱性、排水不良、过分干旱和瘠薄的土壤。在土壤条件较差的情况下，为了有利于猕猴桃树体的生长发育，可采取改土培肥措施，改善土壤理化性状，协调土壤中水、肥、气、热的关系，为其生长创造最优生态环境。猕猴桃果园土壤改良，主要包括深翻熟化、增施有机肥、翻压绿肥、培泥（压土）与掺沙，以及应用土壤结构改良剂等措施。

(1) 果园土壤的深翻、改土和熟化　深翻对猕猴桃园土壤和树体的作用：猕猴桃根系在土壤中的分布情况，受土壤类型、质地、水分、养分及地上部分生长发育的影响很大。决定根系分布深度的主要条件，是土层厚度和理化性状。果园深翻，可以加深土壤耕作层，为根系生长创造条件，促使根系向纵深方向伸展，根量及根部深度均显著增加。深翻之所以促进根系生长，是因为深翻后土壤中水、肥、气、热条件得以改善，使树体健壮，新梢长，叶色浓。据中国农业科学院果树研究所研究表明，在果园进行土地深翻，可以使果园土壤容重由1.40兆克/立方厘米下降到1.29兆克/立方厘米，土壤孔隙度由原来的47.27%上升到52.1 8%（表4－2）。深翻结合施肥以后，土壤有机质含量增加0.2%～0.3%，团粒结构增多，果园的蓄水保墒能力明显提高。

表4－2　深翻对果园土壤容重和孔隙度的影响

土层（厘米）	土壤容重（兆克/立方厘米）		土壤孔隙度（%）	
	深翻	未翻	深翻	未翻
0～20	1.08	1.39	57.64	47.94
20～40	1.28	1.37	52.94	48.68
40～80	1.33	1.34	50.00	51.79
80～120	1.33	1.40	52.15	47.21
120～150	1.41	1.50	48.14	40.71
平均	1.28	1.40	52.18	47.27

实践证明，果园四季均可深翻，但应根据果园具体情况与要求，因地制宜地适时进行，并应采取相应措施，以达到最佳效果。

秋季深翻：秋季气候温和，雨量较多，果树地上部生长缓慢。秋季深翻，以在根系进入生长高峰期前进行为宜。结合施秋肥进行深翻效果最好。此时地上部生长较慢，养分开始积累，深翻后正值秋季根系生长高峰，伤口容易愈合，并可长出新根，有利于养分的吸收，同时不影响第二年新梢的生长和花芽的形成。如结合灌水，可使土粒与根系迅速密接，有利于根系的生长。因此，秋季是果园深翻的较好时期。

春季深翻：可于土壤解冻后、伤流期到来之前及早进行。此时，地上部还处于休眠时期，根系刚刚开始活动，生长较缓慢，根系受伤后容易愈合和再生。

夏季深翻：最好在根系前期生长高峰过后，北方雨季来临前后进行。深翻后，降雨可使土粒与根系紧密结合，不致发生吊根或失水现象。

冬季深翻：入冬后至土壤上冻前进行。要及时盖土以免冻根。如果墒情不好，要及时灌水，使土壤下沉，防止漏风冻根。北方较冷地区，一般不进行冬翻。南方各省，冬翻可于 10 月下旬至 11 月下旬进行。

深翻的深度，应以比猕猴桃主要根系分布层稍深为度，并考虑土壤结构和土质。一般应达到 40 ~ 50 厘米。如果土壤状况良好，土层深厚，则可适当浅翻。

进行果园深翻，方法较多，常用的方法有以下几种。

一是放树窝子。又叫深翻扩穴。幼树定植后，从原栽植穴的边缘向外深翻以便扩大栽植穴，有利于根系的生长。第一年从定植穴外沿向外挖环状沟，宽度 30 ~ 40 厘米，深度 40 厘米，第二年接着上年深翻的边沿向外扩展深翻，全园深翻一遍。翻时表土和底土各放一边，捡出石块等。回填时，先填表土和树盘上面的草皮，并施入一定量的土粪和化肥，最后将生土放在最上面。对于山地果园，生土和石块还可以放在梯田壁上，以加固梯田壁。

二是隔行深翻。即隔一行翻一行。这种方式比较适合于大型棚架类的成龄猕猴桃果园。每次只翻一侧，以免一次伤根过多，影响地上部的生长和结果。挖时捡出石块，填入表土和草皮，并施入适量的有机肥和化肥，来年再挖下一行。

三是全园深翻。将栽植穴以外的土壤一次深翻完毕。这种方式一次投入劳力大，但翻后便于平整土地，有利于果园的耕作。

（2）增施有机肥料　有机肥料所含营养元素比较全面，除含有主要元素外，还含有微量元素和许多生理活性物质，包括激素、维生素、氨基酸、葡萄糖、脱氧核糖核酸（DNA）、核糖核酸（RNA）和酶等，故称完全肥料。多数有机肥料需要通过微生物的分解，才能被果树根系吸收，故也称迟效性肥料，多作基肥使用。施用有机肥，可以持续不断地发挥肥效，不仅能提供给树体所需要的营养元素和某些生理活性物质，还能增加土壤的腐殖质。其次是土壤溶液浓度没有忽高忽低的急剧变化，特别是大雨和灌水后不会发生流失。此外还可以缓和施用化肥后的不良反应，例如引起土壤板结、元素流失或使磷、钾变为不可给态等，提高化肥的肥效。常用的有机肥料，有厩肥、堆肥、禽粪、鱼肥、饼肥、人粪尿、土杂肥、绿肥以及城市中的生活垃圾等。

（3）压土与掺沙　这是对过沙或过于黏重土壤的一种渐进式的改良方法。采用此项措施，可以起到增厚土层，保护根系，增加营养，改良土壤结构的作用。猕猴桃要求非碱性、非黏重的土壤。如山地草甸土、山地黄壤、山地黄棕壤、山地棕壤、红壤、黄壤、棕壤、黄棕壤、黄沙壤、黑沙壤以及各种沙砾壤，都可以栽培。土质黏重的土壤，建园时必须培压含沙质较多的疏松肥土；含沙质较多的土壤，可培压塘泥等肥土。经过处理后，方可建园。压土掺沙时期，北方地区一般在晚秋、初冬进行，可起到保温防冻、积雪保墒的作用。压土掺沙后，经冬季土壤熟化，有利于次年猕猴桃树的生长发育。

（4）应用土壤结构改良剂　近年来，有不少国家已开始运用土壤结构改良剂。土壤结构改良剂，从来源上可分为天然土壤结构改良剂和人工合成土壤结构改良剂；从组成材料上可分为有机土壤结构改良剂、无机土壤结构改良剂及无机—有机土壤结构改良剂三种。有机土壤结构改良剂，是从泥炭、褐煤及垃圾中提取的高分子化合物；无机土壤结构改良剂，有硅酸钠及沸石等；无机—有机土壤结构改良剂，有二氧化硅有机化合物等。施用土壤结构改良剂，可以改善土壤结构，增强土壤蓄水保墒能力，保护根层，提高土壤透水性和温度，减少地面径流。

2. 进行地形改良

猕猴桃适于平地栽培，但在坡度不大（5°～8°）的浅丘（相对高度100米以下的），通过改造后也可定植。这样实现果树上山，就可以将好地用来种植大田作物，避免与粮争地。由于浅丘地光照条件好，土壤不易积水，经过改良后同样可以获得较高的产量。山丘地具有相对高差。坡上部空气流通快，散热快，温度变化剧烈，土壤蒸发量大。猕猴桃根系不宜缺水，所以建园时以选在山坡中下部为宜。山丘地具有坡向和坡度。不同的坡向和坡度，对温度、光照、水分和土壤的影响较大。南坡、西南坡和西坡，光照条件较好，冬季背着东北寒风，早春土壤升温快，有利于猕猴桃生长、开花和结果。但是盛夏温度过高、光照过强时，容易引起果实的日灼病，严重影响果实的商品价值，而且蒸发量大，也容易引起干旱。山丘地果园的水土流失，也会对猕猴桃栽培有很大的影响。水土流失是地表径流对土壤侵蚀的结果，使坡地果园土层浅，有机质含量低。因此，山丘地建园以前，必须进行适当的地形改良，以便最大限度地减少水土流失，做好水土保持工作。

（1）治理沟壑　自然侵蚀沟即沟蚀，是园地水土流失的主要类型之一。同时，沟壑又影响园地交通和作业管理。因此，建园时能填平的应填平，不能填平的要砌石谷坊堵水降速，沟坡可栽植生长势及抗性较强的猕猴桃品种，从而减缓水土流失，扩大栽植面积，避免土地浪费。

（2）修筑梯田　猕猴桃在坡地适于带状栽植，行向（带向）

应与山坡等高线一致。修筑水平梯田，既可增厚猕猴桃栽植层的活土层，又可防止水土流失。一般梯田面宽度为 3 ~4 米（表 4 –3）。修筑时，垒壁要拍实，田埂要踩实。梯田面是由削面和垒面组成的，大约各占 1/2。梯田面近于平整，但外侧要稍高于内侧。梯田面外沿要修一土埂，土埂宽 30 厘米，高 20 厘米；内侧要挖一条排水沟，并与自然沟壑接通。梯田面要有 0.1% ~0. 3% 的比降，以便排水。

表 4 –3　梯田技术参数

坡度角	行距（米）	梯田面宽度（米）	梯田壁高（米）	削壁角度	垒壁角度	壁间宽度（米）	10 米长梯田面土方量（立方米）
8°	4. 5	3. 6	0. 78	45°	30°	0. 15	3. 4
5°	4. 5	4. 1	0. 40	45°	30°	0. 10	2. 0

3. 实行果园覆盖

有长期覆盖材料（如杂草、秸秆、枝叶或其他类似有机物材料）的果园，可进行树盘覆盖。树盘覆盖，可拦截雨滴，减少撞击土面的能量，减少地面水分蒸发、防止杂草生长，保水，降低地面径流量和泥沙流失量，起到护坡保土的作用。夏季可以防止高温伤根，冬季还可以保暖防冻，特别是沙地果园，易热又易冻，覆盖尤为重要。覆盖物腐烂分解后，可以增加土壤的有机质及有效养分含量，改善土壤理化性状，起到改土培肥的作用，因此可显著提高产量。另外，树盘覆盖还可以改善园内小气候，使土壤温度变幅缩小，保持平衡状态，土壤水分蒸发率降低，土壤含水量增加，起到保湿、防旱和促长的作用。在新植果园采取地膜覆盖措施，能改善果园土壤水分、养分和温度状况，促进果树根系发展和花芽分化，提高坐果率，增加产量，改善果实的品质。覆盖措施主要有以下三种。

（1）秸秆覆盖果园　覆草是 20 世纪 80 年代初期应用于果园土壤管理的一项新技术，目前在全国得到大面积推广。采割植物茎叶或收集稻草、花生苗、玉米秆、杂草、树叶等有机材料，覆盖于行间和树盘。覆盖厚度为15厘米左右。条件好的地方可常年覆盖，或者在秋季进行覆盖。以后每年或隔年添补20%左右。凡是采取秸秆覆盖措施的地方，能减少水土流失，对丘陵和山地果园均能改善土壤结构，提高土壤肥力。

（2）广泛种植覆盖果园生草　在发达国家早已普及，并成为果园科学化管理和抗旱栽培的一项基本措施。而我国传统的果园耕作制度，由于强调清耕除草，故导致了果园投入增加，生态退化，地力、果实品质下降。针对这一问题及近几年来优果优价、劣果滞销等现象，国家农业部决定向全国推广果园生草覆盖技术。目前各地果园种植的覆盖作物，有白三叶、花生、绿豆、黄豆、荞麦、西瓜和旱坡禾等1年生作物。可及时把这些作物的茎叶割下来作为果树行间的覆盖材料。

一般来说，种植覆盖作物，能防止山地果园的水土冲刷和流失，增加土壤有机质，对改良土壤团粒结构作用显著。

（3）地膜覆盖果园　覆盖采用的薄膜，有黑膜、透明膜、乳白膜和绿膜等。在果树行内进行地膜覆盖，在干旱季节可使土壤水分保持在12.5%，比对照区土壤水分的9.5%，含水量增加3%。春季覆盖的比对照区，土壤水分含量可增加9%～10%。实践证明：果树行间覆盖地膜，不仅可以增加土壤水分含量，而且还能大大减少杂草的滋生，对疏松土壤，增加养分的吸收利用，均有显著作用。

树盘覆盖也有其不足之处。即果园长期覆盖后，根系容易上返变浅，一旦不进行覆盖，根系由于不抗旱，不抗寒，因而对猕猴桃树体生长和结果均不利。所以，一旦采用了树盘覆盖的果园管理方法，就应坚持覆盖。如果不覆盖，也应采取防寒、防旱措施来保护根系，使根系逐渐适应环境的变化。各地要根据当地的条件，考虑是否有充足的有机质用来进行长期覆盖，也可根据覆盖材料来源的多少，选择在某片果园或某些地区集中覆盖。绿色覆盖物的综合开发利用，可以起到多层次循环利用增值，降低生产成本，提高效益的作用。

二、水肥管理

(一) 提高灌水效益的方法

1. 适时、适量灌水

猕猴桃在不同生长发育时期，对水分的需求不同。猕猴桃有以下五个明显的需水期。

（1）萌芽至开花前　此期需灌1~2次水，以补充伤流和萌芽所需。此期的水分含量可以影响到猕猴桃的发芽和新梢生长。合适的含水量有利于长叶，并且有利于树体的开花。所以，如果此时果园的墒情不好，就应该及时浇水。如果土壤比较湿润，田间持水量达到75%以上时，也可以不浇水。

（2）新梢和幼果迅速生长期　此期需灌1~2次水。因为此期是猕猴桃果实需水的临界期，猕猴桃幼果生长迅速，必须有充足的水分和养分来满足幼果迅速生长发育的需要。同时，枝条和根系也处于交替快速生长阶段。如果水分不足，营养生长和生殖生长争夺水分的矛盾将被激化，轻则使果实生长受阻，重则影响树体生长、发育，抗逆性和寿命。

（3）果实迅速膨大和混合芽形成期　此期需灌2~3次水，因为此时正值高温干旱的夏天，及时灌水可以缓解气候高温、低湿和树体蒸腾量大之间的矛盾，也可满足果实迅速生长发育和混合芽形成对水分的需求。新西兰研究表明，正常栽植密度的猕猴桃，夏天每株树用于蒸腾的水量高达100升。此时不灌水或灌水不足，轻则导致树体大量落叶、落果，重者会使枝蔓枯死，甚至整株死亡。

（4）秋季无雨或施基肥后　此时需灌一次水。秋施基肥以后，肥料浓度较大，相对比较集中，移动性较差，容易烧根。若结合灌水，则可以降低肥料浓度，促进肥料分解，减少烧根的可能，而且可使秋施基肥的效力能够更好地发挥。

（5）入冬后 此期间需灌一次冬眠水。灌水封冻，可使土温保持在0℃左右，不致于在寒冷的冬季冻伤根系，从而有利于树体安全越冬。

关于灌水量的最适宜标准，一般是指在一次灌水中，使水分进入根群分布层，并达到田间最大持水量的60%～80%。切忌浇“地皮水”，尤其春季温度低时，更应注意一次浇透，以免因多次灌水，引起土壤温度的降低。夏季灌水，灌水量宜少，而灌溉次数宜多，以适当降低土壤温度。入冬前的封冻水，灌水量应大，使水分浸润土壤深度达1米或以上，以使猕猴桃树体安全越冬。沙土等保水能力较差的土壤，应当增加灌水的次数。

猕猴桃最忌土壤中盐碱含量过大。所以建园时如果土壤偏碱，则每次灌水量不可过大，以免地下水位升高，使土壤上层碱性更强，不利于树体生长。不同土壤种类在水分当量时的灌水量，如下表4－4所示。

表4－4 不同土壤在水分当量附近时的灌水量

土壤种类	最低灌水量（达持水量60%）		理想灌水量（达持水量的80%）	
	相当降水量（毫米）	每亩灌水量（升）	相当水量（毫米）	每亩灌水量（升）
细沙土	29	18 840	126	81 600
沙壤土	30	24 840	125	81 600
壤土	34	22 084	129	83 640
黏壤土	30	19 740	130	84 240
黏土	28	18 120	137	88 800

计算理论灌水量可采用以下公式：灌水量＝灌溉面积×土壤浸湿程度×土壤容重×（田间持水量－灌溉前土壤湿度）

应用此公式算出的灌水量，可根据物候期、间作物等因素进行调整，以便符合实际需要。由于猕猴桃是浅根性树种，其土壤浸湿深度在50～60厘米深度即可。

随着科学技术的发展，猕猴桃园可以用“土壤水分张力计”测定灌水量。用张力计测定土壤水分，在田间可以直接读出土壤水分所承受的抽吸张力的大小，不需计算。张力计读数与土壤湿度有关。张力计以“厘巴”为计数单位（100 厘巴等于 1 巴），为气象学的压力单位，相当于 1 个大气压。一般张力计的读数为 0～100 厘巴。当土壤水分张力计显示的数值为 10～25 厘巴时，大约相当于田间容水量（水分占干土重的百分率）。高的读数是因为干土的吸力大，低的读数是因为湿土吸力小。一般猕猴桃园应用张力计时，当读数在 70 厘巴以下时，表示土壤湿度适宜，几天之内无需灌水；当读数达到 80 厘巴，表示土壤十分干旱，须立即灌水。并可依据张力计测定灌水前后的厘巴数，确定灌水量。

2. 节水灌溉

节水灌溉，既缓解了用大水漫灌造成果树根系的无氧呼吸、土壤板结硬化等不良影响，给果树创造了良好需水条件，又节省了水资源。

（1）滴灌　整个滴灌系统包括控制设备（水泵、水表、压力表、过滤器和混肥罐等）、干管、支管、毛管和滴头。进行时，具有一定压力的水，从水源经严格过滤后流入干管和支管，被输送到果树行间，围绕植株的毛管与支管连接，毛管上安有 4～6 个滴头（滴头流量一般为 2～4 升/小时）。水通过滴头源源不断地滴入土壤，使果树根系分布层的土壤，一直保持最适宜的湿度状态。滴灌是一种用水经济、省工、省力的灌溉方法，特别适用于缺少水源的干旱山区及沙地。应用滴灌比喷灌节水 36%～50%，比漫灌节水 80%～92%。由于供水均匀、持久，根系周围环境稳定，十分有利于果树的生长和发育，一般增产 25% 以上。从近年的实践中看到，滴头的质量至关重要。如果质量不好，就容易发生堵塞，更换及维修就比较困难。此外，个别果园管理者进行滴灌时，习惯于昼夜不停，致使土壤水分过于饱和，造成湿害。滴灌时间，应以湿润根系集中分布层为度。滴灌间隔期应以果树生育进程的需求而定。通常，在不出现萎蔫现象时，无需过频滴水。

（2）喷灌　整个喷灌系统包括水源、进水管、水泵站、输水管道、竖管和喷头几部分。应用时可根据土壤质地、湿润程度、风力大小等调节压力，选用喷头及确定喷灌强度，以便达到无渗漏和径流损失，又不破坏土壤结构，同时能均匀湿润土壤的目的。喷灌节约用水（用水量为地面灌溉的1/4），保护土壤结构；调节果园小气候，清洁叶面，遇到霜冻时还可减轻冻害；炎夏喷灌可降低叶温、气温和土温，防止高温和日灼伤害。喷灌可以结合喷洒农药和液肥，是一种比较理想的灌溉方法。

（3）微喷　微喷结合了喷灌与滴灌两种灌溉技术的优点，克服了两者的弊端，比喷灌更省水，比滴灌抗堵塞，供水较快。山东省临沂市林业局应用微喷灌的技术重点是：利用两个山泉，铺设总管1条，干管2条，支臂14条，支管下接毛管，沿等高线布置，间距同果树行距一致，每株树下固定一个 WP-Z1.2 双向折射微喷头，用直径4毫米的塑料管与毛管连接，喷头喷水量为62升/小时，喷洒直径为2.9米，比普通灌区增产43.4%，同漫灌比，全年可以节水70%，并收回投资的260%。

（4）埋土罐法　该法为土法节水灌溉技术，适应于干旱缺水猕猴桃果园。具体做法是：结果园每株树埋3～4个泥罐，罐口高于地面，春天每罐灌水10～15升，用土块盖住罐口，一年施尿素3～4次，每次每罐100克。当雨季来到时，土壤中过多的水分可以从外部向罐内透漏，降低土壤湿度，创造根系生长的适应小环境。此法简单易行。

（5）塑料袋简易滴灌　该法适合于经济条件较差的山地、旱地果园采用。它是由塑料滴管和塑料贮水袋组成的一种简易滴灌装置，具有取材容易、制作安装简便等优点。具体制作方法为：先按每株树注水容量为30～35升的塑料袋（可用不漏水的旧化肥袋代替)。再取直径为 3 毫米的塑料管做滴管。将塑料滴管剪成 15 厘米长的小段，其中一端剪成马蹄形，并在马蹄形的最尖端处打一个高粱粒大小的小孔，用来滴水。将除滴水小孔以外的其余部分，用火烘烤黏合，封堵马蹄形管口；另一端平剪，插入塑料袋内 1.5 ~ 2 厘米，一个袋插一个塑料滴管。插入后，用细铁丝绑扎固定。绑扎时，要特别注意掌握好松紧程度。绑扎过紧，出水慢，绑扎过松，则会出水快或者漏水。出水量要求每小时达到 2 千克左右，每分钟滴水 110 ~ 120 滴。

使用时，首先在架面外围枝蔓投影的地面上，挖 3 ~ 5 个(根据树体大小而定)等距离的坑，坑深 20 厘米左右，倾斜度为 25°左右。然后将制作好的水袋顺斜坡放入坑内。水袋不能平放，因为平放压力小，出水困难。放好水袋后，将滴管埋入 40 厘米深的土层中。滴管所处的位置要在架面外缘的下方，这样有利于水分被根系充分吸收。为防止塑料袋老化，延长使用寿命，可在袋上覆盖一层薄土或用其他东西遮盖。这样，以后每次浇水时，只需往塑料袋中浇水即可。

(6) 果园渗灌　该种方法的原理、结构及组成，与滴灌较为相同。所不同的是没有滴头，水不是经过滴头向外滴出，而是通过直接打在管壁上的小孔，在压力作用下，成连续性的喷射而出。另外不同的是，材料、设计安装更为简易、灵活，更节材省工、成本低，更适于推广应用。

美国加州地区，农业发达而水资源相对贫乏。为解决这一矛盾，加州采取了各种节水工程技术措施。所以说，世界先进节水灌溉技术在加州都得到了较好应用。加州的地面灌水技术，包括沟灌和畦灌。美国的地面灌水技术，无论是沟灌或畦灌，其田间大部分都是采用管道输水。水通过管道，直送沟、畦，即使在自流灌区也是如此。因此，输水过程的水损失相当少。田间通过激光平整，脉冲灌水、尾水回收利用等技术，灌水均匀度很高，水流均匀入渗，从而提高灌水效率。输水防渗，田间改造，加之相应的配套设备，构成美国地面灌溉节水的三个核心环节。

（二）提高施肥效益的方法

1. 实施土壤分析及配方施肥

配方施肥，又叫测土施肥、平衡施肥，是施肥技术的一项重大改革。它是综合运用现代农业科技成果，根据作物需肥规律、土壤供肥性能与肥料效应，在以有机肥料为基础的条件下，产前提出氮、磷、钾及中、微量元素的适宜用量和比例，以及相应施肥技术的科学施肥方法。配方施肥包含着“配方”和“施肥”两个方面。就是先配方，后施肥，施肥是配方的实施。作出肥料配方时，先要了解种的是什么作物，能收多少产量，需要吸收多少养分，土壤能提供多少，然后才确定施用什么品种的肥料，每一种肥料最适宜的用量是多少，这就是“产前”提出的肥料“配方”。常用确定施肥量的方法为营养平衡施肥法，其计算公式为：

$$\text{果树合理施肥量}=\frac{\text{果树吸收量}-\text{土壤天然供肥量}}{\text{肥料利用率}}$$

据中国农业科学院土壤肥料研究所试验得知，我国三种主要元素的平均利用率为：氮（N）35%，磷（P）20%，钾（K）45%。土壤天然供肥量为：氮为1/3，钾为1/2，磷为1/2。果树吸收量的测定方法为：分别测出花、果、叶、枝蔓、根的干重和各种元素的百分含量，再计算出吸收量。这样计算出的数据可供参考。生产中实际确定施肥量时，还要考虑树龄、树势、产量、土质、肥源及经济实力等诸多因素。使用有机肥作基肥时，一定要经过腐熟方能使用。追肥要以氮、磷、钾、钙四要素加上铁、氯、镁、硫等多种微量元素，配合施用比较好。因地力而异，四者的比例为1：0.4：1.3：1较合适。施肥量中，基肥占70%，追肥占30%。在生长前期（即6月份前），磷、钾、钙比例相当，氮素应适当加大。在生长后期（即7月份后），钾、钙、磷比例应适当增加，氮素应适当减少。

配方施肥是一项增产增收技术，它具有以下优点。

在不增加化肥投资的前提下，调整化肥中氮、磷、钾比例，可以起到增产增收作用。对于化肥用量水平很低或单一施用某种养分肥料的地区或田块，通过配方施肥中的养分测定和肥料效应试验，合理调整化肥施用比例，消除土壤养分障碍因子，合理增加肥料用量，或配施某一养分元素肥料，可使猕猴桃大幅度增产。过去一些经济比较发达、农作物产量水平很高的地区，农民缺乏科学施肥知识，往往以高肥换取高产，结果经济效益很低。通过采用配方施肥技术，适当减少某一肥料的用量，可节省肥料投入而取得增产效果。

配方施肥能调控营养，防治病害。猕猴桃的生理病害有些是由于偏施肥料引起的。如一些细菌病害和病毒病害，是由于施氮肥而加重的，而果园经常表现的黄化现象，绝大多数是由于缺少微量元素所引起的。配方施肥，有利于保护环境，均衡供给作物养分，改善产品品质。有机肥料含有较多的磷、钾和多种微量元素，与化肥配合施用，可以缓解不合理施肥对果品品质的影响。

2. 多施有机肥

有机肥又叫农家肥，是一种安全肥料。它能供给树体多种养料。一般都含有树体所需要的各种营养元素和丰富的有机质，既含有氮、磷、钾三要素，又含有硼、钼、锌、锰、铜等微量元素及生长刺激素。

有机肥料能减少养分固定，提高化肥肥效，其主要机制是有机肥料的螯合作用。所谓螯合作用，就是有机肥料中的腐殖酸与土壤中的无机盐类形成一个配位体，使它们之间相互结合得很牢固，减少营养元素与土壤间发生的化学反应，提高肥料的有效性，提高化肥利用率，使化学肥料避免流失和污染，提高农产品的品质。有机肥料分解过程中产生的各种有机酸和碳酸，可以促进土壤中难溶性磷酸盐的转化，提高磷的有效性。

有机肥料中的养分，大多呈有机状态，必须经过微生物分解后，才能转化为作物可以吸收的无机态。这一过程是缓慢地逐渐转化和释放养分的。因此，有机肥不仅当年有效，而且有较长的后劲，肥效长。

有机肥不仅是农作物的养料，而且也是土壤微生物的养料。有机肥料含有大量微生物，大多数微生物依靠现有的有机质维持生命。土壤中有机质丰富，可促进微生物生命活动旺盛。微生物在新陈代谢过程中，放出大量的酶，生成一种黑色或褐色的腐殖质，能持久而稳定地供给微生物能量，为微生物创造良好的生活环境，改善土壤的物理性质，提高沙土保水保肥力，减少黏性土壤的内聚力，使它变疏松，利于耕作和排水，延长土壤宜耕期。腐殖质还能增深土壤颜色，吸热增温，有利于种子萌芽和作物生长。腐殖质吸水能力强，一般可以吸收本身重量 9 ~ 25 倍的水，有助于作物的抗旱和抗涝，增强土壤保肥性和缓冲作用。

有机肥料具有多方面的作用，其核心部分是有机胶体。有机胶体具有胶结力和代换性等。同时，有机胶体离子交换能力强，相当于土体的 10 ~ 20 倍，从而能大大地增加对土壤中钾、钠、钙、镁、铁、铝等元素的吸收，减轻土壤污染。腐殖质能吸收某些农药。有机质与重金属离子形成的螯合物等，易溶于水，可以从土壤中排出，从而消除农药残毒及减轻重金属对土壤的污染。

有机肥料主要有腐熟的堆肥、人粪尿、厩肥、沼气肥、绿肥、作物秸秆肥和饼肥等。各种有机肥料中的有效成分的含量见表 4 – 5。

表 4 – 5　有机肥的种类及有效成分含量

种类	有效成分种类			
	有机质（%）	氮（%）	磷（%）	钾（%）
人粪尿：				
人粪	20.0	1.00	0.50	0.37
人尿	3.0	0.50	0.13	0.19
厩肥：				

（续表）

种类	有效成分种类			
	有机质（%）	氮（%）	磷（%）	钾（%）
猪厩肥	11.5	0.45	0.19	0.60
马厩肥	19.0	0.58	0.28	0.63
牛厩肥	11.0	0.45	0.23	0.50
羊厩肥	28.0	0.83	0.23	0.63
鸡粪	25.5	1.63	1.54	0.85
堆肥：				
青草堆肥	28.2	0.25	0.19	0.45
麦秸堆肥	81.1	0.18	0.29	0.52
玉米秸堆肥	80.5	0.12	0.16	0.84
稻秸堆肥	78.6	0.92	0.29	1.74
绿肥：				
苜蓿		0.56	0.18	0.31
草木樨		0.52	0.04	0.19
田菁		0.52	0.70	0.17
饼肥：				
大豆饼	78.4	7.00	1.32	2.13
棉籽饼	82.2	3.80	1.45	1.09
花生饼	85.6	6.40	1.25	1.50
菜籽饼	83.3	4.60	2.48	1.40

3. 重视叶面喷肥

"叶面喷肥"，又叫根外施肥。它是将一定浓度的肥料水溶液，均匀地喷洒在叶片上的一种施肥方法。叶面喷肥，方法简单易行，用肥量小，肥效发挥快，可避免某些营养元素在土壤中的固定或淋失。叶面喷肥，肥料在树冠上分布均匀，受养分分配中心的影响小，可结合喷药、喷灌进行，能节约劳力，降低成本。由于叶面肥具有上述明显的优点，而被广泛应用于农业生产中。为发挥其最大使用效益而又避免产生不良后果，在进行时应注意以下几点。

（1）叶面肥的选择要有针对性　猕猴桃植株主要是从土壤中吸收营养元素，土壤中营养元素的含量，对树体的生长起着决定性作用。因此，在选择叶肥种类前，要先测定土壤中营养元素的含量及土壤的酸碱度，有条件的也可以测定植物体中元素的存在情况，或根据缺素症的外部特征，确定叶肥的种类及用量。一般认为，在基肥施用不足的情况下，可以选用氮、磷、钾为主的叶面肥；在基肥施用充足时，可以选用以微量元素为主的叶面肥。据研究，猕猴桃膏药病是由于树体缺硼而引起的。因此，对猕猴桃膏药病一般采取叶面喷施0.3%硼酸液和0.3%硼酸二氢钾混合液1～2次的防治方法，并结合土壤施硼肥，可以取得良好的效果。

（2）叶面肥的溶解性要好　由于叶面肥是直接配成溶液进行喷施的，所以叶面肥必须溶于水。否则，叶面肥中的不溶物喷施到作物表面后，不仅不能被吸收，有时甚至还会造成叶片损伤。因此，用作喷施的肥料纯度应该较高，杂质应该较少。一般肥料中水不溶物应不大于5%。例如，喷施钙肥通常选用氯化钙水溶液，而不采用碳酸钙水溶液。

（3）叶面肥的酸度要适宜　营养元素在不同的酸碱性下有不同的存在状态。要发挥肥料的最大效益，就必须有一个合适的酸度范围，一般要求pH值为5～8。pH值过高或过低，除会使营养元素的吸收作用受到影响外，还会对植株产生危害。

（4）叶面肥的浓度要适当　由于叶面肥是直接喷施于作物地上部的表面，与根部施肥不同的是土壤的缓冲作用没有了。因此，一定要掌握好叶肥的喷施浓度。浓度过低，作物接触的营养元素量小，使用效果不明显；浓度过高，往往会灼伤叶片，造成肥害。微量元素可以土施，也可以叶面喷施。但由于有些微量元素在土壤中很容易沉淀而失去有效性，所以生产中，最好采用叶面喷施。

三、猕猴桃树的整形修剪

（一）枝芽的类别

猕猴桃的枝条（茎）又可称为蔓。由于着生部位和性质不同，可分为主干、主蔓、侧蔓、结果母枝、结果枝、主梢、副梢、新梢等。其芽可分为冬芽、夏芽和潜伏芽。

1. 主干

有主干整形的植株，从地面到分枝处为主干。

2. 主蔓

从主干上分生出来的大枝蔓。

3. 侧蔓

从主蔓上分生出来的蔓。

4. 结果母枝

当年抽生的新梢，秋后发育成熟，已木质化，枝表皮呈褐色，已有混合芽，到翌年春可抽生结果枝的称结果母枝。

5. 结果枝

春季从结果母枝枝萌发的新枝中，有花序者称结果枝。

6. 营养枝

抽生的枝蔓中，无花序者称营养枝。

7. 主梢

由冬芽萌发的新梢，既可成结果枝，又可成为营养枝。

8. 副梢

由主梢的叶腋中抽发的新梢，可分为1，2，3，4次副梢。

9. 新梢

当年抽生的新枝叫新梢，是由节部和节间组成。节间较节部细，长短因品种和生长势而异。

10. 纤细枝

生长极其瘦弱纤细的枝条叫做纤细枝。

11. 徒长枝

生长直立粗壮、节间长、芽瘪、组织不充实的枝条。

12. 冬芽

当年形成后，须越冬至翌年才能萌发的叫冬芽。

13. 夏芽

当年形成的芽当年即可萌发抽枝的叫夏芽。

14. 潜伏芽

猕猴桃有些冬芽越冬后不萌发，若干年才萌发，即植株受到损害或修剪刺激时才萌发为新梢的称潜伏芽。一般用作衰老树（枝条）的更新。

（二）植株的整形

猕猴桃植株整形的目的，是为了使枝蔓合理地分布于架面上，充分利用空间，使其保持旺盛生长和高度的结实能力，并使果实达到应有的大小、品质和风味。不同树龄的猕猴桃，有其不同的生长发育特点，必须依据其生长发育规律，进行合理的整形修剪，才能充分发挥其结果能力，达到高产、高效的目标。

1. 平顶棚架的整形

这种架式是使用最广泛的一种。其优点是果实吊在架面的下方，有较多叶片保护，避免了阳光直射，灼果现象少。同时，由于这种架式结构牢固，抗风能力强，枝蔓和叶片均匀布满架面，架下光照弱，杂草难于生长，可减少除草剂等农药的施用，节省劳力。植株主干高达1.7米左右，新梢生长至架面时，在架面下10～15厘米处将主干摘心或短截，使其分生2～4个大枝，作永久性主蔓。分别将这些大枝引向架面两端或东、南、西、北四个不同方位。在主蔓上每隔40～50厘米留一结果母枝，左右错开分布，翌年在结果母枝上每隔30厘米左右均匀选留结果枝。结果枝即可开花结果。

2. T 形架的整形

这种架式在陕西省周至县和湖北省的部分猕猴桃产区应用较多。其优点是便于田间管理，通风透光条件好，并有利于蜜蜂等昆虫的传粉活动，增进果实品质，促进果实膨大。在植株主干高 1.7 米左右，新梢超过架面 10 厘米时，对主干进行摘心，促进新梢健壮生长，芽体饱满。摘心后常常在主干的顶端抽发 3～4 条新梢，可从中选择两条沿中心铁丝左右生长的健壮新梢作主蔓，其余的疏除。当主蔓长到 40 厘米时，绑缚于中心铁丝上，使两条主蔓在架面上呈“Y”字形分布。随着主蔓的生长，每隔 40～50 厘米选留一结果母枝，在结果母枝上每隔 30 厘米选留一结果枝。结果母枝的生长超过横梁最外一道铁丝时，也任其自然下垂生长。

3. “凸”字形架的整形

此架式又称为“反 T 形架式”。目前，已在湖北省农业科学院果茶研究所猕猴桃园应用。其主要优点是立体结果，空间大，通风透光好，单位面积产量高，病虫害发生少；不足之处是盛夏时节阳光直射时间长，灼叶、灼果的现象较其他架式严重。猕猴桃苗木定植当年主干高度达 40～50 厘米时，在 40 厘米以上每隔 5～10 厘米分别选留 3 条枝蔓，培养成主蔓，其中一主蔓向上延伸占领篱架空间，另两条主蔓分别引向横梁左右的铁丝上（注意，由于在此架面上生长的两条主蔓极性生长较弱，每隔两年左右要更新复壮 1 次）。在主蔓上依次培养出结果母枝、结果枝和营养枝。即主蔓上每隔 40 厘米左右培养 1 个结果母枝（第一、二结果母枝向左右错落分布），结果母枝上每隔 30 厘米培养 1 个结果枝。

4. 篱架的整形

此架式在湖北、湖南、安徽等地的猕猴桃产区应用较普遍。其主要优点是主侧蔓较多，容易成形，可以灵活修剪，便于枝蔓更新。由于其主蔓的极性强，常常造成通风透光不良，影响果实产量和品质。苗木定植后，留 3～5 个饱满芽短截，春季萌发后一般可长出 2～3 个壮梢。冬季修剪时留下生长健壮的枝条作主蔓。在主蔓的 50～60 厘米处短截。生长较弱的枝条留 2～3 个芽短截，促其于翌年萌发 1～2 个壮枝，以培养成主蔓。在以后的 1～2 年内，每个主蔓上按左右交错的方式各选留 2～3 个壮枝，培养为侧蔓。侧蔓上再选留结果母枝，使形成多主蔓扇形树型。如架面空间小，也可以在主蔓上直接选留结果母枝。多主蔓扇形整枝要求自地面长出 3～5 个主蔓，各主蔓排列成扇形，主侧蔓交错排列，从属分明。

（三）修剪的依据

修剪是在整形的基础上建立和保持营养枝和结果枝的合理结构，保持一定的叶果比例，协调植株生长和结果之间的平衡，以达到优质、高效生产和延长结果年限的目的。整形一般在幼树阶段进行，而修剪则是经常性的工作。修剪的依据如下。

1. 品种（品系）的生长结果习性

猕猴桃品种（品系）间的生长与结果习性有明显的差异。如武植 2 号、武植 5 号品种，果枝在结果母枝上的着生部位非常低，在第二至第五个芽着生果枝的占 85% 以上。修剪时对生长粗壮的结果母枝可留下 5～6 个芽短截，生长中等的留 3～4 个芽短截，生长较弱的仅留 1～2 个芽重短截。海沃德品种果枝在结果母枝上的着生部位非常高，多从结果母枝的第八至第十三芽抽生结果枝，因此，宜采用中长梢轻度修剪的方法。生长健壮的结果母枝留 10～14 芽轻度短截，生长中等的留 7～8 芽中度短截，生长较弱的一般受光条件差，养分积累少，应从结果母枝上疏除。

2. 树龄大小和长势强弱

幼树阶段，根系发生新根较多，吸收功能强，营养生长占主导地位，树冠体积扩大快，因而总体上修剪量宜轻；随着树龄增大，结果母枝和结果枝以及营养枝大量增加，植株生长势由强旺趋向中等，营养生长和生殖生长相对平衡，在修剪上宜采用轻重结合的修剪方法，以调节叶果比例和枝果比例，使结果母枝和结果枝交替更新、轮流结果。树龄较大的植株由于树体消耗较大，枝条生长弱，而根系又不断死亡，吸收作用不断减弱，表现为生殖生长占主导地位，所生产的果实个小味淡，品质下降。在修剪上以重剪短截为主，配合适当的疏枝，让枝干不断地回缩更新，使老树重新焕发青春。

3. 立地条件和栽培管理水平

同一猕猴桃品种在不同的地域栽培，由于生态环境如气候（光照、雨量、热量）、土壤（土壤质地、肥力状况、pH 值等）、地势、海拔高度及管理水平等条件的不同，其生长和结果乃至果实品质都有很大的差异。因此，猕猴桃的树形和修剪程度也要因地制宜，并与栽培管理水平相适应。气候冷凉、雨水较少、土质瘠薄的果园，猕猴桃生长量小，宜整小冠，并适当重剪。气候温和、雨水充沛均匀、热量丰富、土层深厚、土质肥沃疏松，猕猴桃生长量大，修剪量宜轻，树冠可适当加大。

四、猕猴桃病虫害防治技术

（一）猕猴桃主要病害的防治

1. 疫霉病

由苹果疫霉、樟疫霉、侧生疫霉和大子疫霉等病菌引起的病害。

【症状】先为害根的外部，扩大到根尖，也常从根颈处侵入，蔓延到茎干、藤蔓。病斑水渍状，褐色，腐烂后有酒糟味。发病后使萌芽期延迟，叶片衰弱、枯萎，叶面积减小，为害严重时因影响水分和营养的运输而使植株死亡。

【发病规律】春天或初夏，根部在土壤中被侵染，10 天左右菌丝体大量发生，然后形成黄褐色菌核，7～9 月严重发生，10 月以后停止蔓延。黏重土壤、排水不良的果园以及多雨季节容易发生，被伤害的根、茎也容易被感染。

【防治方法】选择排水良好的土壤建园，防止植株造成伤口。在 3 月或 5 月中下旬用代森锌 0.5 千克加水 200 升稀释后浇灌根部。刮除病部腐烂组织，并用 0.1% 升汞溶液消毒后涂上波尔多液或石硫合剂原液，2 个星期后再更换新土覆盖。

2. 根朽病

由蜜环菌等病原菌引起。

【症状】主要为害根系，开始的发病部位不定，侵入根颈部的病菌沿主根和主干蔓延，在皮层和木质部之间有白色菌丝层，造成皮层腐烂，后期为害木质部，逐渐腐烂，枝梢、叶片生长减弱、变黄，1 ~2 年后全株死亡。

【发病规律】菌丝体在根部或土壤残存的树桩中越冬，在猕猴桃根系生长延伸过程中，与被感染蜜环菌的土壤和树桩接触后即被侵入，该病菌营腐生生活，也能寄生于某些植物活体，发病盛期在 7 ~9 月。

【防治方法】加强果园肥水管理，增强树势。土壤中残留的树桩和侵染病原的根系要随时集中烧毁。感病的土壤可用溴甲烷熏蒸，也可用 150 倍五氯酚钠或生石灰消毒。被侵染的根部可用 50% 的代森锌 200 ~400 倍液浇灌。最好用沙土更换根系周围的土壤，也可选用 5406 抗生菌肥料覆盖根系。

3. 根瘤病

由琼脂杆菌侵染的细菌病。

【症状】常在根颈或根的其他部位发生，发病初期在受害处形成灰白色瘤状物，瘤状物内部组织松软，表面粗糙，瘤体不断增大后变成褐色至暗褐色，成为球状或扁球形，表层细胞逐渐枯死，内部木质化，树体中水分和营养的运输受到影响，地上部生长衰弱，叶片、枝梢黄化枯萎。

【发病规律】该细菌生存于土壤中，植株因嫁接、虫口伤害时，病菌侵染，2 ~3 个月后症状明显，细菌刺激寄主细胞，形成细胞增生性膨大瘤状。碱性土壤有利于发病，酸性土壤对细菌繁殖不适宜，发病较少。

【防治方法】避免造成伤口，防治地下害虫。严格检疫苗木。发现病根时应彻底清除根瘤，并涂以波尔多液保护。

4. 花腐病

由假单孢菌侵染的细菌病。

【症状】主要为害花芽和叶片，病原侵入后花蕾萼片上有褐色凹陷斑块，这种症状发展较慢，当侵染至芽的内部后，花瓣变为橘黄色，开放时，里面的组织呈深褐色并已腐烂，花就很快脱落。为害不很严重的花也能开放，但较正常花开放得慢。雌花中的一些花药和花丝变成褐色后也腐烂。为害严重时全部腐烂，花柱也不发育而成为褐色，开放的花也很快脱落，个别花也能发育成为小果或畸形果。此病在雌花上为害的几率比雄花要高。受害叶片形成叶斑病，侵染后叶片正面为黄色晕圈，圈内为深褐色病斑，背面受害处为灰色，夏秋季病斑扩大，对树体无严重影响，但病斑上的色素常随雨水污染果皮而降低商品价值。

【发病规律】病原菌普遍存在于树体的叶芽、叶片、花蕾和花中，发病率常受气候的影响，现蕾至开花期，雨水较多，发病就严重，另外大棚架发病率较“T”形棚架少（表4－6）。从表4－6看出，“T”形棚架的藤蔓离地面较近，地面温湿度较大，有利于病菌蔓延。

表4－6　架式对花腐病发病率的影响

架式	离地面高度（米）	平均发病率（%）	发病率变化范围（%）
大棚架	>1.8	16～20	5～34
	>1.8	18	6～33
“T”形棚架	1.0	41	31～52
	<0.5	53	29～81

【防治方法】改善藤蔓的通风透光条件。采果后至萌芽前喷

3 次 8 ~ 100 倍浓度的波尔多液，萌芽至花期喷洒 100 毫克/千克的农用链霉素，也可用 30% 的二氯萘醌或 20% 福美铁可湿性粉剂 400 ~ 1 000倍液。在使用化学药品防治时要防止药害。

5. 褐腐病

由菌核菌引起的病害。

【症状】受病菌感染的雄性花序和雌性花芽都会变成褐色枯萎状。花常蔫萎下垂，难于开放。大量的白色菌丝体在受害部位变成黑硬的菌核，菌核落到园地后，真菌继续蔓延，在果园中传播。

【发病规律】菌核在果园杂草中休眠越冬。春天气候温暖后产生子囊盘，子囊孢子成熟后从子囊盘中排出，随空气传播侵染花芽和花蕾，一般在 3 月上旬萌发，4 月下旬为高峰期，现蕾后即可见到为害。

褐腐病的发生与气候条件有关，多雨潮湿，温度较低时，有利于菌核萌发及子囊孢子的形成，土壤黏重的地方，发病也较严重。

【防治方法】加强果园管理，清除树盘周围枯枝落叶并烧毁。菌核萌发期、落瓣后及采收前应喷洒 0. 5 波美度石硫合剂或 800 倍甲基托布津液。展叶前后用 65% 代森锌可湿性粉剂 500 倍溶液喷洒。

（二）猕猴桃主要虫害的防治

1. 苹果小卷叶蛾

属鳞翅目卷叶蛾科，幼虫为害嫩叶、花蕾等。

【特征】雌成虫头部、胸背及下唇须均为褐黄色，体长 7 毫米，翅展 16 ~ 20 毫米，前翅黄褐色，有深褐细纹及较明显的斜向深褐纹，后翅较前翅色淡并带灰色，腹部背面淡黄色。雄成虫体长 5 ~ 6 毫米，前翅前缘向上卷褶。卵近圆形，扁平，直径 0. 7 毫米，透明，每块数十粒，呈鱼鳞状排列，卵黄白色，中央有黑点。幼虫体长 13 ~ 15 毫米，全体淡黄绿色，后为翠绿色，头小，淡黄色，后侧有深褐斑点，有臀栉6~8根。蛹长7~8毫米，纺锤形，黄褐色，在2~7节上有2排刺突（图4-9)。

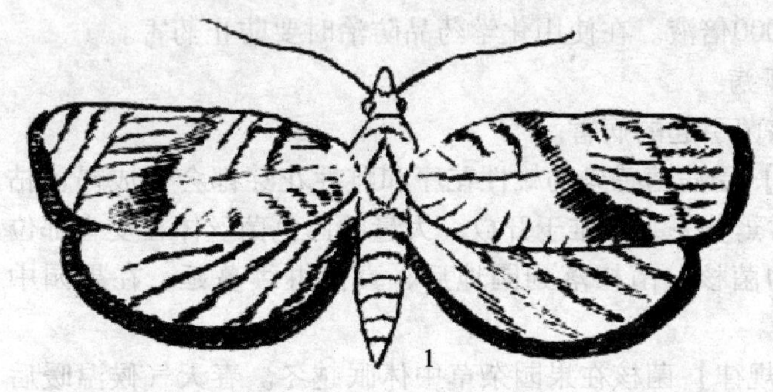

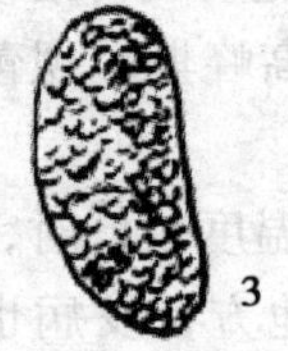

1. 成虫；2. 幼虫；3. 卵

图4-9　苹果小卷叶蛾

【发生规律】1年发生3~4代，以2龄幼虫在树干皮下，枯枝落叶上结茧越冬，春天孵化后幼虫主要为害幼芽、嫩叶和花蕾，9~10月作茧。

【防治方法】消灭越冬幼虫，摘除叶虫苞烧毁。苹果小卷叶蛾（图4-9）用松毛虫、赤眼蜂等天敌进行生物防治。在孵化期喷洒50%杀螟松乳油800~1 000倍液，为害期用20%杀灭菊酯乳油2 000~3 000倍溶液喷洒。

2. 苹毛金龟子

属鞘翅目金龟甲科，成虫为害花器官等。

【特征】成虫卵圆形，体长10毫米，头、胸、背部均为紫铜色，上有刻点，全身被淡黄色茸毛，小盾片半圆形，鞘翅茶褐色，有紫铜色刻点，后翅折叠成“V”形纹。腹部两侧有淡黄毛丛，末端外露，密生黄白色长毛。卵椭圆形，长 1.5 毫米，乳白色，有光泽，孵化前呈米黄色。幼虫俗称蛴螬，老熟时体长 51 毫米，肥大，乳白色，头黄褐色，呈“C”形弯曲，有胸足 3 对，腹节背面有横皱纹。蛹初为淡黄色，渐变黄褐色，羽化前为红褐色，长 10 毫米。

【发生规律】每年发生 1 代，成虫在表土下 30～50 厘米处越冬。3 月下旬至 4 月上旬出土活动，主要为害花蕾及花，5 月上旬在 5～10 厘米土层产卵后死去。卵期 15～20 天，孵化为幼虫，加害幼根，老熟后于地下化蛹，9 月上旬羽化为成虫，在蛹室越冬。中午气候暖和时行动活泼，有假死习性。

【防治方法】利用假死习性人工捕捉集中消灭。开花前在藤蔓周围撒 4% 敌马粉剂或 2% 杀螟松粉剂，每株约需 0.25 千克，施用时将土壤翻耕，混入药剂，成虫入土时毒杀。在花蕾期喷洒 50% 马拉硫磷乳油 1 500～2 000倍溶液。

3. 斑衣蜡蝉

属同翅目樗鸡科。若虫刺吸幼枝嫩叶的汁液。

【特征】成虫体长 14～15 毫米，翅展 40～55 毫米，体小，短而宽，全体有白色蜡粉，前翅基部 2/3 为淡灰褐色，有黑点，端部 1/3 为黑色，后翅臀区 1/3 鲜红色，中部白色，有 7～8 个黑点，端部黑色并有蓝色纵纹，头呈三角形向上翘起。卵长圆形，长 2.5 毫米，排列成行，数行成块，外被初为乳白色，后为浅灰色的胶状分泌物。若虫体扁平，初龄黑色有自点，末龄红色有黑斑。

【发生规律】每年发生 1 代。以卵在枝蔓、树干、枝杈和架材中越冬。4 月中旬孵化。若虫吸食幼嫩枝梢、叶片汁液，蜕皮 4 次。6 月中下旬羽化为成虫，刺吸为害。8 月中下旬交尾产卵，10 月下旬成虫死亡，寿命为 4 个月左右。若虫能排泄黏液污染叶、果及枝干。若虫和成虫均有蹦跳和群集习性。

【防治方法】清洁田园，刮除卵块烧毁。4 月中旬至 5 月上旬若虫孵化后，用40%氧化乐果1 000倍溶液，或用90%敌百虫1 500倍溶液喷洒。

4. 草履绵蚧

属同翅目硕蚧科。若虫刺吸枝叶的汁液。

【特征】雌成虫椭圆形，鞋底状，体长 10 毫米，体背中央灰紫色，外围黄褐色，腹部有横皱及纵沟，全体薄被白色蜡粉，有细毛。雄成虫体长 5 毫米，翅展 10 毫米，腹部深紫红色，头胸黑色，有 1 对紫黑色翅，上有白色线形窄条。卵长圆形，浅橙黄色，表面为白色丝囊。若虫体型与雌性成虫相似，但较小，赤褐色。蛹为离蛹，长圆筒形，长 5 毫米，褐色，有翅芽 1 对(图 4－10)。

【发生规律】每年发生 1 代，卵囊中的卵在树根附近土块、石缝越冬，3 月中旬孵化出若虫。1 龄若虫不活泼，常在隐蔽处群居，3 龄以后，天气晴朗、暖和时就爬上树干吸食 1～2 年生嫩枝、幼芽和叶的汁液，4 月为害严重。雄性若虫下树潜伏缝隙化蛹，经蜕皮 3 次发育为成虫，与雌性成虫交尾后死去。雌性成虫交尾后下树钻入树干周围 5～10 厘米土层，分泌白色绵状物作卵囊产卵，逐渐老熟死去。

【防治方法】用硬毛刷或细钢丝刷刷去枝干上的虫体。在若虫分散转移期用 0. 2% ～0. 4% 黏土柴油乳剂或 50% 马拉松乳剂 1 000 倍溶液喷洒，也可用0. 2～0. 3 波美度石硫合剂或可湿性西维因粉剂 400 倍溶液防治，效果可达 90% 以上。如用0. 2% 黏土柴油乳剂与 80% 敌敌畏乳剂 1 000倍溶液混合喷洒则效果更好。

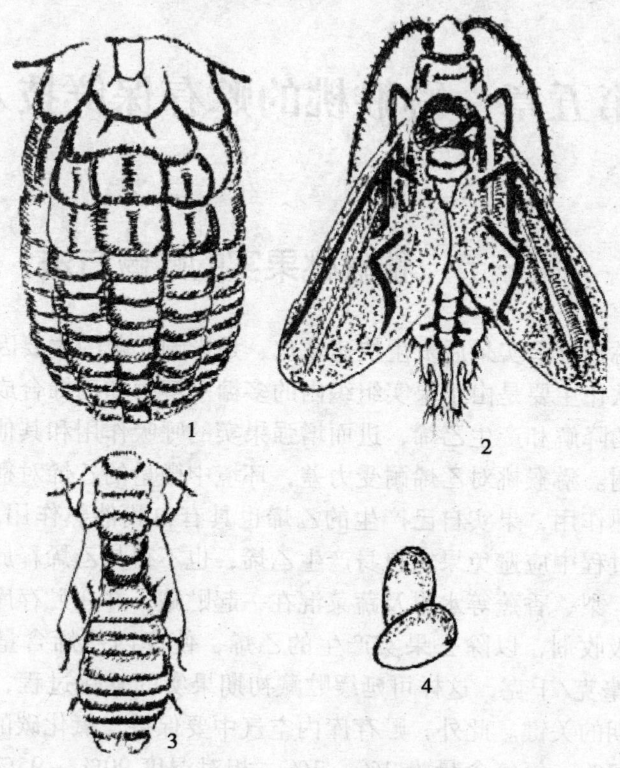

1. 雌虫；2. 雄虫；3. 雄蛹；4. 卵

图 4－10　草履绵蚧

第五章　猕猴桃的贮存保鲜技术

第一节　猕猴桃果实的贮藏方法

猕猴桃果实采后发生快速软化，是影响贮藏的主要因素。猕猴桃软化主要是由于果实组织内的多糖水解酶和乙烯合成酶促进物质的降解和产生乙烯，进而增强果实的呼吸作用和其他成熟衰老代谢。猕猴桃对乙烯耐受力差，环境中微量的乙烯对猕猴桃就有催熟作用，果实自己产生的乙烯也具有自我催熟作用。因此，贮藏过程中应避免果实自身产生乙烯，也不得与乙烯释放量大的苹果、梨、香蕉等水果及蔬菜混在一起贮藏，并在贮存库中放置乙烯吸收剂，以除去果实产生的乙烯，使库内乙烯含量不高于0.01毫克/千克，这样可延缓贮藏初期果实的软化过程，是延长贮藏期的关键。此外，贮存库内空气中要保持二氧化碳的含量达4%～5%，氧气含量为2%～3%，相对湿度90%～95%，库的周围不得熏烟及堆放腐烂的有机物。

猕猴桃贮藏期间，设法降低乙烯合成酶、多糖水解酶、淀粉酶的活性，是提高果实贮藏保鲜效果，保持果实的硬度和品质的重要措施。

一、冷库贮藏

冷库贮藏是目前比较好的贮藏方法。在资金比较雄厚的地方。采用冷库与气调相结合的方法来贮藏猕猴桃果实，其效果更好。冷库贮藏的具体操作步骤和方法如下。

（一）果品处理

猕猴桃果实营养丰富，极易遭受微生物的侵害而变质腐烂，因此入库前必须进行如下处理：①供贮的果实其采摘时间应在可溶性固形物含量达6%～7%时，过早或过晚采果对长期贮藏都有不利的影响。②采摘果实时要剔除伤残果、畸形果、小果和病虫为害果。③果实采收后迅速进行选果、分级、包装，从采摘到入库冷藏在1天之内完成。④在劳动力充足的地方，可将果梗剪去大部分，只留短果梗，以免果实相互刺伤。

（二）温度的控制

贮藏猕猴桃的最适温度是0～2℃。在果品入库前和入库初，将库内的温度控制在0℃。由于果实入库带来了大量的田间热，会使库温上升，因此，每批入库的果实不能过多，一般以占库容总量的10%～15%为好。这样库内的温度比较稳定。在低温状态有利于长期贮藏。果实入库完毕，应立即将库温稳定在0～2℃。在整个贮藏过程中，尽量避免出现温度升高或较大幅度的波动。

果实出库上市时，由于库内外温差大，会引起果面上产生一层水珠，而易引起腐烂。对此可以将从库中拿出的果实在缓冲间（或预冷间）中先放一段时间，提高果体的温度后再出库上市，以避免果皮上出现水珠。

（三）湿度的控制

猕猴桃贮藏适宜的相对湿度为90%～95%，但由于冷藏库中的热交换器蒸发管路不断地结霜、化霜，常导致湿度下降，难以保持最适的湿度范围。对此可以采用在地面洒水或安装加湿器等方法加以解决。也可把猕猴桃放在塑料薄膜袋内或塑料帐内，保持小环境内的相对湿度基本稳定。

当库门开关次数太多时，常造成库内相对湿度过高，使果实表面出现发汗现象，对果实贮藏有不利影响，因此，要尽量减少冷库门的开关次数。在库内各适当部位放置氯化钙、木炭、干锯末等吸湿物，对降低库内湿度也有一定的作用。

（四）通风换气

因贮藏果实本身的呼吸作用会放出大量的二氧化碳和乙烯等气体。当这类气体累积到一定的浓度时，会对果实产生催熟作用，使果实迅速变软老化。因此，库内要注意通风换气。通风可在早晨进行，雨天雾天湿度较大，不宜换气。也可在库内安装气体洗涤器，清滤库内空气，将有害气体清除。

在猕猴桃果实贮藏库中还可放置乙烯吸收剂，以吸收乙烯，减少库内的乙烯含量。乙烯吸收剂可自行制作，一般用蛭石、新鲜碎砖块泡在饱和的高锰酸钾溶液中，使蛭石和砖块染上一层紫红色，然后取出沥干，放在库内或装果实的薄膜袋内即可。放置一段时间后，蛭石或砖块褪掉鲜艳的红色，表明已经失效，要重新换上新炮制的蛭石或砖块。

二、窑洞贮藏

窑洞也叫土窑洞。虽然它的冷藏效果不如冷库好，但它的投资少，利用自然条件，结构简单，建造方便，容易管理，是一种节能型的贮藏设备。在山区及丘陵地区的昼夜温差较大，可利用天然的冷凉条件，建造贮藏窑洞。

（一）窑洞的建造

应选地势高燥、土质坚实的阴坡地方作建窑地址。贮藏窑洞的结构分窑洞门、窑洞身和排气孔三部分。窑洞门通常设置两道，以利保温，两门相距 3 ~ 4 米，门宽 1.6 米左右，高约 2.4 米，门外设防鼠沟一道。窑洞身全长 30 ~ 40 米，贮果区长约 30 米，宽、高各 3 米，整个窑洞顶应位于地下 4 ~ 6 米处。在洞尾设一排气孔，排气孔高出地面 5 米左右，排气孔全长约 10 米，直径 1.2 米。窑洞内沿两侧洞壁各修 1 条地沟，沟宽、深各为 0.25 米，长度与窑洞相等，沟的一端与窑外相通，另一端与排气孔底部相接，以利通风降温。

（二）窑洞的贮藏方法与管理

1. 进洞的准备工作

果实进入窑洞之前，一般都要对窑洞进行消毒处理，特别是已贮藏过果实的旧窑洞，更要进行彻底清扫和消毒。消毒常用硫黄熏蒸，按每1立方米空间用硫黄10克，或用1%的福尔马林溶液均匀喷布，喷药后关闭窑洞门2～3天，然后开门通风，待甲醛蒸气散尽后再使用。地面可撒石灰进行消毒。包装容器用0.1%～0.5%的漂白粉溶液洗刷干净，然后再在太阳下暴晒消毒。

2. 进洞贮存

1天之内将采收的果实迅速选果、分级、装箱，经散热预冷后入洞。堆箱时最好箱与箱之间交错堆放，并留出3～5厘米的空隙，地面垫上木条或砖块，以利通风降温。

3. 窑洞的温度调控

调节窑内温度是窑洞贮藏成败的关键。要经常观察窑洞内的温度变化。果实一入窑洞，温度会很快上升，要利用窑外温度较低的凌晨和夜间打开窑洞门和排气孔，换气降温。在室外温度低于最适贮藏温度的寒冬季节，要在白天气温高时（0～5℃）进行通风，以防止果实受到冻害。

4. 窑洞的湿度调控

窑洞内湿度过高时，可在洞内外湿度相差不大时换气。洞内湿度过低时，可在窑洞内地面上喷水、挂湿草帘来提高湿度。

5. 日常检查

要经常检查窑洞内温度、湿度的变化情况。同时检查果实在贮藏中的变化情况，发现软化和腐烂变质果及时清除，以免影响窑洞内的空气质量，这样利于延长果实贮藏期限。

三、通风库贮藏

通风库是在有良好的绝热建筑和通风设备的条件下，利用昼夜温度变化的差异进行通风换气，使库内保持比较适宜的贮藏温度的贮果设备。这类库是利用库顶、库底的温差和昼夜温度变化，通过换气来调节库温。它调节库内温度的原理与窑洞贮藏相似，不同的是窑洞是在地下打的洞，而通风库则是条件较好的地面建筑。

通风库可分为地下式、半地下式和地上式三种。地下式通风库多建在严寒的北方或以防冻为主的山区。猕猴桃和其他果蔬的贮藏大多采用半地下式和地上式通风库。现将应用较广泛的地上式通风库作一介绍（图 5－1）。

（一）库址选择

选好库址，对降温效果非常重要。库址要选择通风良好的冷凉山地或河谷阴坡，同时要有开阔的场地和便利的交通条件。

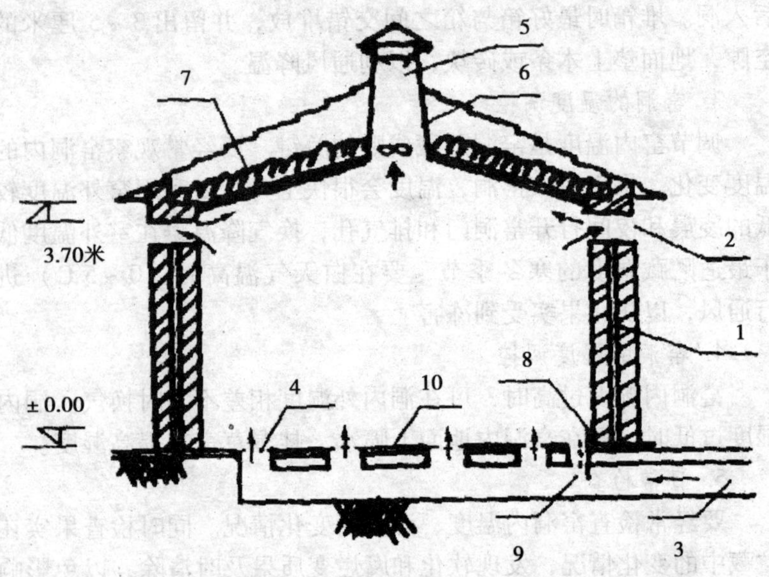

1. 绝热墙；2. 风窗；3. 进风道；4. 进风口；5. 排气筒；6. 风扇；7. 保温层；8. 风口；9. 防鼠网；10. 地面

图 5－1　地上通风库示意图

（二）建筑材料

建筑材料尤其是保温材料要有良好的绝热性能，结构疏松，不易吸水，价格适宜，取材容易，如用软木板、油毛毡、稻壳、芦苇、刨花等作隔热层，也可采用封死的空气绝热材料及聚苯乙烯泡沫塑料等作隔热材料。

（三）库顶和库门

库顶以人字形为好，顶的下部设天花板，板上铺一定厚度的隔热材料，如干锯末、稻壳等，用油毛毡或塑料薄膜防潮，顶的最上端铺一层木板，木板上铺瓦，在房顶和隔热材料之间是一层不流动的空气层。

库门设在北面或东面，安装两道库门，两道门之间相距 2 ~ 3 米，作为空气缓冲间。库门采用双层木板结构，木板之间填充保温材料，门的四周全部钉上毛毡密封。

（四）通风系统

通风系统由进风道、通风窗、排风扇和排气筒等设施组成。由于猕猴桃在贮藏期间呼吸强度较高，因此各种风道的通风面积应适当加大，开孔大小可根据贮果数量和当地风速等因素来计算。一般贮存 50 吨库的通风面积不应少于 1 平方米。排气筒应高出库顶 1 米以上，筒体愈高排气效果愈好，最好在排气筒的下方装一排风扇，来加速空气循环。

（五）库的管理

一般要求在果实入库前先做好清扫、消毒工作。平时主要是做好控制通风时间、通风量，调节库内的温度、湿度等工作。一般通风换气应在凌晨进行，但严冬时节应注意保温防冻，使库内温度达到或接近 0℃。地面用泥土夯实为好，不要用水泥铺地。湿度保持与窑洞贮藏方法一样。通风库贮藏方法因库内温度很难维持到猕猴桃最适宜的贮藏温度，一般只用于猕猴桃的中短期存放。

四、简易气调贮藏

简易气调贮藏方法是一种既简便又经济的果品保鲜方法。它的优点是投资少，操作方便，简单实用，还具有调气速度快，管理灵活，便于出入库等特点。缺点是要与适当降温措施相结合，效果才明显。这类贮藏法有三种类型。

（一）硅窗塑料薄膜帐贮藏

1. 设备

以厚度 0.2 毫米左右的透明聚乙烯薄膜或无毒聚乙烯薄膜作帐材，制成长立方形类似双人蚊帐样的帐子，帐的大小根据贮果多少而定，一般每帐贮果 1 吨左右。在帐子的中部镶嵌一块硅橡胶布小窗。开窗面积依贮果多少和要保持的库温高低而定，一般温度为 0℃，存果 1 吨，其开窗面积需 0.4 平方米左右。

2. 帐子安装及果实入帐

选择一块稍大于帐底的长方形地块，四周挖 1 条深、宽各 10 厘米左右的小环沟，在沟上铺好帐底，帐底上放些垫果箱的砖块，然后将预冷好的果箱放在砖上，码成通气垛，再将帐顶扣在垛上，下面与帐底紧紧卷在一起埋入小沟内，用土压紧，以防漏气，帐上可开几个抽气小孔，抽气孔用自行车气门芯、胶管和铁夹组成，以便抽气和密封。

3. 管理

帐贮猕猴桃的管理，应围绕着使帐内温度保持在 0 ~ 2℃、相对湿度 90% ~ 95%、氧气含量 2% ~ 3%、二氧化碳含量 3% ~ 5%、无乙烯气体来制定管理措施。这种贮存方法必须与机械冷风库或自然通风库（窖）配合使用，以保证库内有稳定而较低的温度。塑料薄膜帐内一般湿度较大，不需另外加湿。帐内气体成分的调控主要靠果实的呼吸作用和硅橡胶窗对氧气和二氧化碳的通透性不同来调节。硅橡胶布对二氧化碳的通透性比氧气大 5 ~ 6 倍，具有自动调节帐内气体成分的功能。帐内二氧化碳浓度过高时，应及时补充新鲜空气。还可在帐内放入少量吸有饱和高锰酸钾的砖头和蛭石，吸收乙烯和其他有害气体。每 1 ~ 2 天应对帐内所含气体进行测定。测定空气成分的仪器是用奥氏气体测定仪（气体分析器）。

（二）硅窗保鲜袋贮藏

它与硅窗塑料帐原理相同，区别在于这种袋子较小，较薄，薄膜厚度 0.03 ~0.05 毫米，一般每袋贮果 5 ~ 10 千克，适于少量贮果用户。使用方法是：选择成熟度中等的无伤硬果，放入袋中置于阴凉处过夜降温，再放入少量乙烯吸收剂，然后扎紧袋口，放在低温处贮藏。其缺点是袋的容积小，气体成分难于控制。

（三）塑料薄膜袋贮藏

这种方法与硅窗保鲜袋相比，除没有硅橡胶窗之外，其大小、规格皆与硅窗袋相似。贮藏果实必须是优质硬果，当袋内二氧化碳含量高时要打开袋口通气，调整二氧化碳和氧气的含量，同时果袋中要加入乙烯吸收剂并经常更换，要在低温的环境条件下使用。

第二节　贮藏保鲜技术

猕猴桃果实为一个活体，从树上采摘下来以后，仍然进行着呼吸和营养物质转化等一系列生理生化活动，即需经历后熟阶段。贮藏的目的，就是通过人工控制，尽量减缓果实的后熟过程，从而延长和调节鲜果的市场供应时间。贮藏的原理是为果实提供一个维持最低生命活动的环境。影响猕猴桃果实贮藏的主要因素，有温度、相对湿度、氧气、二氧化碳和乙烯含量。其中低温、低氧、低乙烯和高二氧化碳浓度，对抑制果实呼吸和生命活动起主要作用；而高水平空气相对湿度能使果实保持新鲜。贮藏方法有气调冷藏、冷藏、通风库贮藏、地窖贮藏和聚乙烯薄膜加保鲜剂贮藏等。其中以气调贮藏最好。

一、气调贮藏

气调贮藏是在冷藏的基础上，把果蔬放在特殊的密封库房内，同时改变贮藏环境中的气体成分的一种贮藏方法。这种贮藏方法，集生物、化学、机械建筑、电子和自动控制技术于一体，对鲜果贮藏的全过程进行调控，从而达到长时间贮藏保鲜和改善贮后品质的目的。它的选址、结构组成、设计与建筑、设备安装与调试、运行管理、检查、维护与保养，都由相应的专业人员来进行。在贮藏过程中，适当降低温度，控制相对湿度，减少氧气含量，提高二氧化碳浓度，可以大幅度降低果实的呼吸强度和自我消耗，抑制催熟激素乙烯的生成，延缓果实的衰老进程，达到长期鲜藏的目的。目前，国际市场上的优质猕猴桃鲜果几乎全都采用了气调保鲜技术。

贮藏猕猴桃时，最适宜的温度是（0±0.5）℃。在猕猴桃入库前7～10天即应开机适度降温，至鲜果入贮之前使库温稳定保持在0℃左右，为贮藏做好准备。果子在入库前应先行预冷，以散去田间热。入库初期，由于果实带有大量田间热，会使库温有所回升。因此，一次入库果品不宜过多，一般以库容总量的10%～15%为好。这样不致引起库温明显升高，有利于长期贮藏。果实入库完毕，即应尽快在2～3天内将库温稳定在最适贮藏温度，不准再次出现回温或大的温度波动。

猕猴桃贮藏的适宜空气相对湿度为90%～98%。由于换热器管路不断结霜和化霜，致使库内湿度降低，无法满足果品对湿度的要求。一种解决的办法是，在设计冷库时冷风机要有较大的蒸发面积，缩小蒸发温度与库温之间的差距（如2～3℃）。另一种办法是洒水增湿或安装加湿器，增加贮藏环境的相对湿度。第三种办法是把猕猴桃放在塑料薄膜袋内或帐内，提高局部环境的相对湿度，采用这种办法应配合使用乙烯吸收剂，降低乙烯的催熟作用。

空气相对湿度管理的重点，是管好加湿器及其监测系统。贮藏实践表明，加湿器以在入贮1周之后打开为宜，开动过早会增加鲜果霉烂数量，启动过晚则会导致水果失水，影响贮藏效果。开启程度和每天开机时间的长短，则视监测结果而定，一般以保证鲜果不明显失水，同时又不染菌发霉为宜。

在贮藏中，要搞好果品的质量监测。猕猴桃从入库到出库始终处于人工监控之下，定期对鲜果的外部感官性状、失重、果肉硬度、可溶性固形物含量和感染霉变等项指标进行测试，并随时对测定结果进行分析，以指导下一步的贮藏。

在猕猴桃贮藏中，要搞好安全管理。安全管理包括设备安全管理、水电防火安全管理、库体安全管理和人身安全管理等诸多方面。要特别强调的是库体安全和人身安全。

保障库体安全，除防水、防冻、防火之外，重点是防止温变效应。在库体进行降温试运转期间绝对不允许关门封库。因为过早封库，库内温压骤降，必然增大内外压差，当这种压差达到一定限度之后，会导致库体崩裂，使贮藏无法进行。正确的做法是，当库温稳定在额定范围之后再封闭库门，进行正常的气调操作。

保证人身安全，主要是指人员出入气调库的安全操作。为杜绝事故发生，出入库人员必须做到：入库前戴好氧气呼吸器，并确认呼吸畅通后方可入库操作；入库必须两人同行；入库前，应将库门和观察窗的门锁打开，以便出现事故时开门急救；库外要留人观察库内操作人员的动向以防万一。猕猴桃出库操作必须确认库内氧气含量达到18%以上或打开库门自然通风两天以上（或强制通风两小时以上），方可入库。

二、冷库贮藏

这是在有良好隔热保温层的库房中，装有制冷降温设备的一种贮藏方法，是目前我国猕猴桃和其他果蔬贮藏的一种较好的贮存方式。这种冷库一般由冷冻机房、贮藏库、缓冲间和包装场四部分组成，其中制冷机械主要包括制冷压缩冷凝机组合和换热器

（冷风机）两大部分。猕猴桃冷库以采用冷风机降温较好。盘管式直接冷冻效果较差。中小型冷库一般用氟利昂作为制冷剂，大型冷库则多用氨制冷。

1. 果品处理

供贮果品的采收指标，一般以果肉可溶性固形物含量为6.5%～8.0%较适宜，过早或过晚采收都对贮藏不利。采后应立即进行初选分装，一切伤残果、畸形果、病虫为害果和劣质果，都不得入库贮藏。从采收到入库降温一般不应超过48小时。

2. 库温控制

猕猴桃的最适贮藏温度一般是0℃左右。在果品入库之前，库温应稳定控制在0℃左右。果品入库初期，由于果实带有大量田间热，会使库温有所回升。因此，一次入库果品不宜过多。一般以库容总量的10%～15%为好，这样不致引起库温明显升高，有利于猕猴桃的长期贮藏。果实入库完毕，即应尽快将库温稳定在最适贮藏温度，绝对不能再次出现大的温度波动。

在果实出库上市时，如果库外温度过高，果实表面会出现凝结水珠，容易引起腐烂。果实出库时，采用逐步升温的办法，使果实在高于库温并低于气温的缓冲间（或顶冷间）中先放一段时间，然后再出库上市，即可避免上述现象发生。

3. 湿度调节

猕猴桃贮藏的适宜空气相对湿度是90%～98%，湿度控制的方法与前述的气调贮藏相似。

有时冷库相对湿度偏高，果实表面会出现出汗现象，这是由于库门开闭频繁，库外暖空气进入冷库所引起的。解决办法是改善管理，控制果品出入库次数。也可用氯化钙、木炭和干锯末等物吸湿。

4. 通风换气

冷库内果实进行呼吸作用，放出大量的二氧化碳和其他有害气体，如乙烯等。当这些气体积累到一定浓度时，就会促使果实成熟衰老。因此，必须通风换气。一般通风时间应选在早晨进行。雨天或雾天时，外面湿度较大，不宜换气。若条件允许，也可在库内安装气体洗涤器，清洗库内空气。这种洗涤器多用溴化活性炭或其他吸附性较强的多孔材料做成。

5. 乙烯脱除

除掉冷藏库内乙烯的最好方法，是加装乙烯脱除器。若没有这种设备，可选用下面两种简易办法降低乙烯含量，但效果不够理想。一种是稀释法；另一种是吸收法。前者是将大量的清洁空气吸入库内，通过气体循环稀释并把乙烯带出库外。采用这一种方法，必须用无污染的清洁空气，并且在贮藏库内外温差较小时进行，以防止温度波动和果实失水。后者是采用化学的办法将乙烯脱掉。当前国内使用较多的办法是用多孔材料，如蛭石、氧化铝、分子筛和新鲜砖块，作为载体吸收饱和的高锰酸钾（$KMnO_4$）水溶液，沥干后做成小包，放入库内（或塑料袋和塑料帐内）吸收乙烯。有些地方把这种乙烯吸收剂叫做保鲜剂。一旦载体失去鲜艳的红色，即表明已经失效，应重新更换吸收剂。

6. 检测与记录

果实入库后，要经常检查果品质量、温湿度变化、鼠害情况以及其他异常现象等，并做好记录。发现问题，及时处理。猕猴桃在贮藏后期会出现一个品质迅速下降的突变阶段，果实应在这一阶段到来之前出库销售，以免造成损失。在贮藏当中，也可能有个别果实因种种原因提前发霉腐烂。一旦发现这种情况，即应及时拣出坏果，以免影响周围好果。

三、低温气调帐贮藏

1. 贮藏设备

选择厚度为 0.2 毫米左右的透明聚乙烯作帐材，制成长方形的帐子，形似双人蚊帐。制作时，可根据贮果多少，适当放大或缩小，一般每帐贮果量为数吨。在帐子中部镶嵌一块大小适中的硅橡胶布小窗，硅窗面积可根据贮果多少和库温高低而定。一般在0℃贮果1吨时，开窗面积为0.4平方米左右。

2. 气调帐安装

气调帐有帐底和帐顶两部分组成。安装时，根据贮果多少和堆垛高低，先选择一块稍大于帐底的长方形地块，挖一圈深、宽各10厘米左右的小沟，在沟上铺好帐底，帐底上面放些垫果箱用的砖块（注意不要刺破帐底）。然后将预冷的果箱放在砖上，码成通气垛，再将帐顶扣在垛上，下面与帐底紧紧卷在一起，埋入小沟内，用土压紧，以防漏气。帐上可开几个出气小孔，出气孔由自行车气门芯、胶管和铁夹组成，以便出气和密封。

3. 管理

猕猴桃的最佳贮藏条件：温度为-0.5~0.5℃，相对湿度为90%~98%，氧气含量为2%~3%，二氧化碳含量为4%~5%，乙烯微量或无，所有管理措施都应以达到或接近这一指标为目的。这种贮藏方法，应与机械冷风库或自然通风库（窖）配合使用，以保证有一个低而稳定的库温。塑料薄膜帐内一般湿度较大，不需另行加湿。气体的成分主要靠猕猴桃的呼吸作用和硅橡胶窗对氧气和二氧化碳的通透性来调节。硅橡胶对二氧化碳的通透性比氧气大5~6倍，因此，它有自动调节帐内气体成分的功能。为了准确掌握帐内气体成分变化。每1~2天应取气体作一次测定，所用仪器为奥式气体测定仪（又叫气体分析器）。发现二氧化碳过高，应及时补充新鲜空气，调节帐内气体成分。此外，还可在帐内放入吸有饱和高锰酸钾水溶液的新鲜砖块或蛭石，用来吸收乙烯和其他有害气体。

有些猕猴桃产区，将低温气调帐的自发气调改为快速充氮（选用碳分子筛制氮机）气调，同时也可部分脱除二氧化碳，取得了较好的效果，并在生产实践中得到应用，也不失为目前一种较好的保鲜方法。它的缺点是帐内气体成分难以精确控制，而且缺乏乙烯脱除设施，贮藏效果不够理想，有时还可能造成一定的损失。

主要参考文献

[1] 张洁．猕猴桃栽培与利用［M］．北京：金盾出版社，2008

[2] 齐秀娟，韩礼星．怎样提高猕猴桃栽培效益［M］．北京：金盾出版社，2008

[3] 韩礼星．猕猴桃标准化生产技术［M］．北京：金盾出版社，2008

[4] 黄宏文．猕猴桃高效栽培［M］．北京：金盾出版社，2006

[5] 赵改荣，韩礼星．樱桃猕猴桃良种引种指导［M］．北京：金盾出版社，2011